石井里津子

千年の田んぼ

国境の島に、古代の謎を追いかけて

旬報社

目次

謎その②——お米づくりと「八町八反」

謎その③——八町八反開田の謎

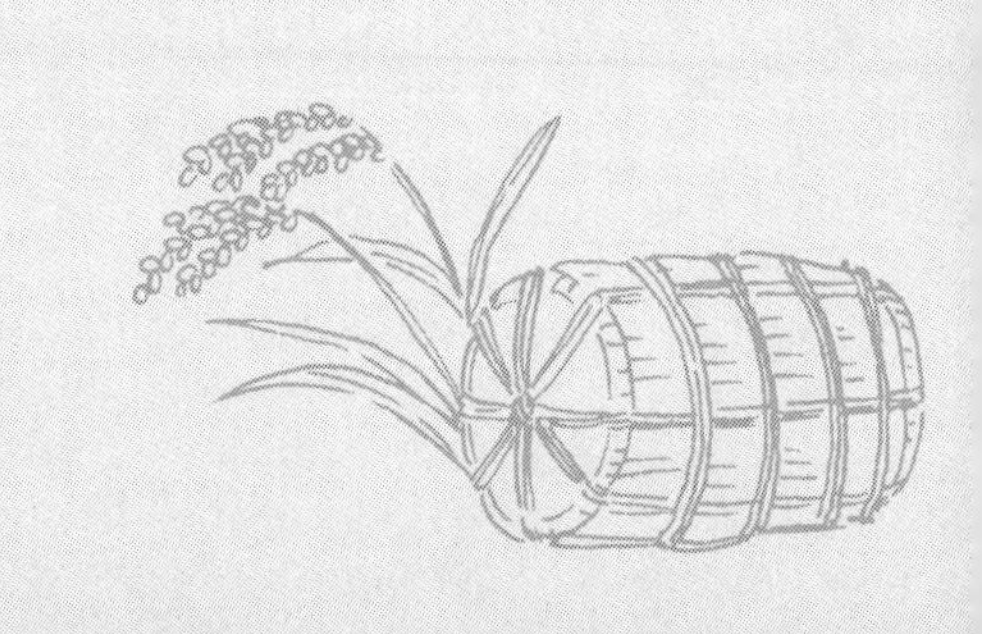

謎その④——誰が、八町八反をつくったのか

おわりに――一三〇〇年の希望

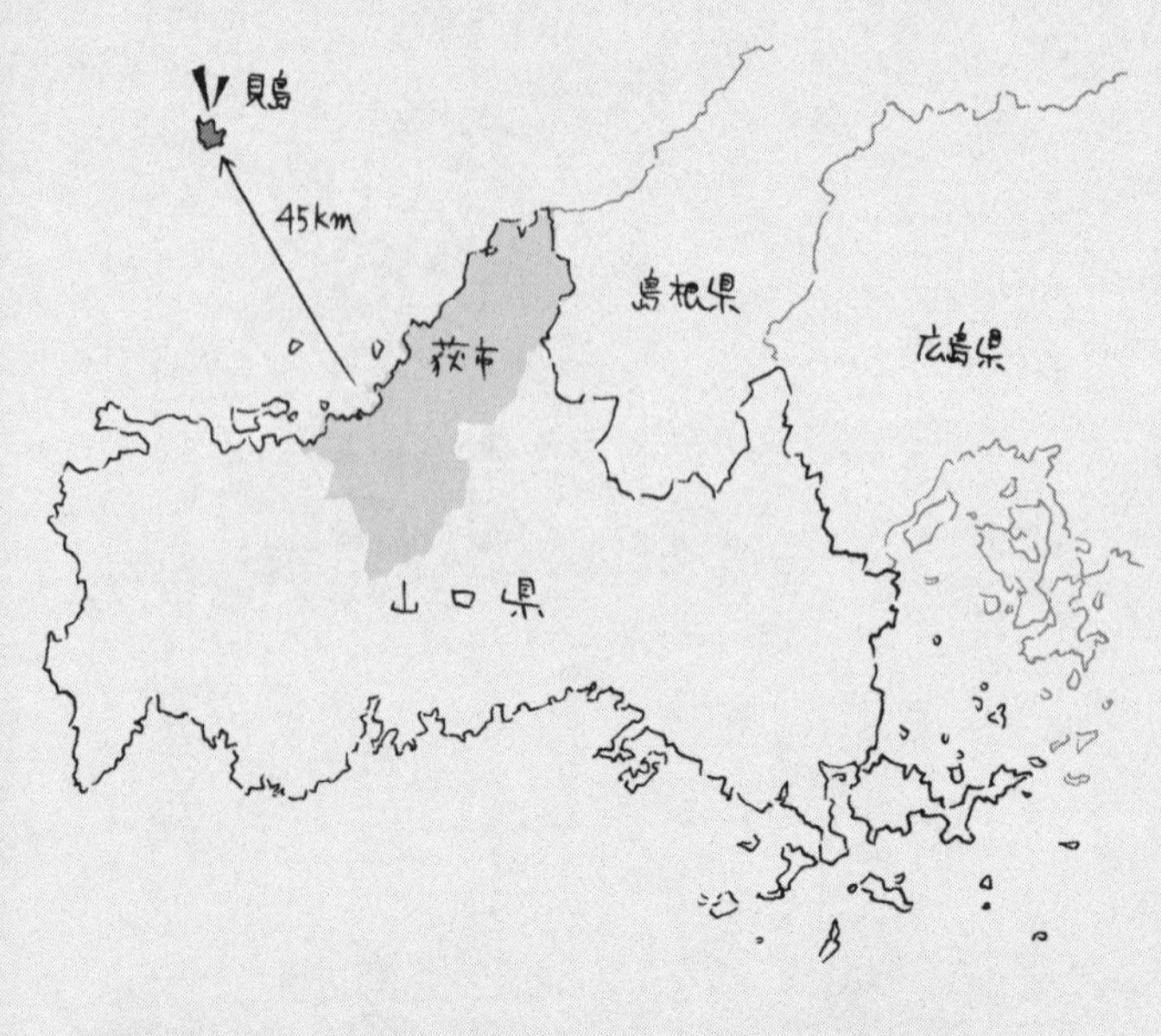

はじめに——一三〇〇年前の田んぼ

日本海、荒波の向こうに浮かぶ島

この物語は、日本海の荒波の向こうに浮かぶ島、山口県萩市見島が舞台です。萩港から北へ約四五キロメートル。高速船「おにようず」に乗って約七〇分。高速船になる前は二時間半以上かかり、その昔は五～六時間かかっていたという場所です。

見島を上空から撮影した写真。まさにウシの形！

見島の航空写真を見てみます。なんと、島そのものが牛の形をしています。頭を朝鮮半島や中国大陸に向けて浮かんでいます。ちゃんと前足に後ろ足だってあるんですから。

見島はとても小さな島です。面積は八平方キロメートルもなく、周囲は約一八キロメートルしかありません。島の南端の本村港から北端にある北灯台まで、直線でほんの約五キロメートル。

そんな小さな見島に、千年以上前の貴重な田んぼとため池群がそのままの姿で残っているかもしれない……。

小さくてユニークな形のため池群に導

かれるように取材をしていくと、そんな可能性が見えてきました。これまで地元のあいだでも学術的にも、江戸時代につくられたのだろうと多くの人が思ってきた田んぼなので、にわかに信じることはできません。

もしかしたら、奈良の大仏や正倉院よりも古いかもしれないのです。田んぼは、見上げることはできませんが、大地に刻まれた巨大な築造物でもあります。しかも、今もそこで百年千年、百回千回と人から人の手へと受け継がれ、お米がつくり続けられている――。本当にそうだとしたら、スゴイことです。

田んぼは日本中どこにでもあり、ありふれた光景。でも実は、千年も昔の姿のままの田んぼが残っていることは、ほとんどないのです。というのも明治以降の日本は、国中の土地を作物が最大限に取れるよう田んぼの大きさや形を整えたり、水を十分に確保できるようにしたり、水はけを良くするなど、どんどん大改造していきました。

人が生きていくには「食べもの」をつくる田んぼや畑がなくてはなりません。それゆえわたしたちは、たくさんの人が生きていくために、田畑をより良いものへとつくり替え続けているのです。こうやって一億人を超える人口を支え、社会の土台を築いたのが日本なのです。

そして昭和平成へと時は流れ、昔ながらの田んぼはいつしか見られなくなっていきました。ですから、千年も前の姿がそのまま残っているなら奇跡の田んぼです。田んぼの形だけの話ではありません。見島の田んぼには、小さなため池が驚くほどあり、つくられた当時の、水を得る知恵や工夫までそのまま残っているのかもしれないのです。

わたしは、見島の田んぼに秘められた物語を調べることで島に光があたり、田んぼが荒れないようみんながアイデアを出し合ったり、人々が行き交う場になればいいと思って取材をはじめました。

今、離島の田んぼを耕作する人は減ってしまって、荒れはじめています。田んぼが荒れる理由として、「農家の高齢化」や「地域の過疎化」という言葉が使われます。その背景には、人口が減ったこともありますが、わたしたちの暮らし方や考え方の変化があります。

「使い捨て」といった便利で快適な一方通行の暮らし方を良しとしてしまい、田んぼや農村が持つ、受け継いで循環し次の世代へ渡すという考え方が、めんどうに感じるようになったのではないでしょうか。

また、外国から食べものを安く輸入できますし、お金の生み出し方も工業やサービス業、インターネット関連など多様になりました。これらも田んぼが荒れていく理由でしょう。ですが、わたしたちが生きるためには「食べなければならない」のです。これは、大昔から何一つ変わりません。

わたしは、日本中の農村を取材するなかで、田畑には子や孫たちがこの地で生きていけるように……という願いが込められていることがわかるようになりました。とくに、田んぼづくりにはたいへんな労力がいります。人々は、子どもたちのいのちや未来を信じるからこそ、重労働で時間がかかる田んぼづくりにも精を出すことができたのです。

田んぼと水の物語には、わたしたち一人ひとりにいのちを届けてくれた、そんな願いが込められています。その願いはいつしかかき消されて見えなくなっています。けれど、見島が残してくれた貴重な田んぼとため池を手がかりにすれば、見えない大切なものが見えるようになるかもしれません。見島にはまだ見えるものが残っていそうです。

見島はお米が取れる島

はじめて日本海に浮かぶ見島に行った日。それは二〇〇三年の一二月二四日のことでした。見島は、小さな島にもかかわらず、棚田も多く、お米がたくさん取れる島だと知り、取材で向かったのです。

島の取材はワクワクします。未知の世界が待っているような、何か自分がまだ知らない大切なものがそこに残っているような気がするのです。ですから、見島へはじめて向かったその日も、そんな気分で船の最前列の席に座わったのでした。

ちょうどクリスマスイブ。後にしてきた東京の街は色とりどりのイルミネーションできらめき、年末ムードで盛り上がっていました。その浮かれ気分をわた

高速船「おにようず」の窓から見えてきた見島

しは背負ったままだったのでしょう。まるで遊園地のアトラクションに乗るように高速船「おにようず」に乗船したのです。窓の外は、白い荒波を立てる日本海が広がっているというのに。

出航後、船はまるで大波に小舟がもてあそばれているかのように、ぐおんぐおん上下に揺れ続けました。終わりのないジェットコースターに乗り続けているよう。わたしは、大きくうねる波に真っ向から挑む船の先端にいました。つまり、そこは船酔い直撃席！　七〇分で着くはずの船は、九〇分以上かかって見島・本村港へ到着。降りたときは、もうふらふら……。

「今日はひどく時化たでしょう。その様子はおやおや船酔いですか。え？　先端の席に座った？　ありゃ〜それはいけんいけん。船底でじっと横になってないと。船底で寝ちょれば良かったんじゃが……」

当時、港に迎えに出てくれた萩市見島支所の弘中保貴さんが教えてくれました。見島の人は港で海のようすを話すのがあいさつ代わりです。「今日はなぎじゃったかな」「いや時化ど」ってな具合です。

見島は古くから漁業も盛んで、ウニも魚もおいしいところ。クロマグロの一本釣りも楽しめ、釣り人にも人気です。周囲にはクジラも回遊し、江戸時代にはクジラを捕まえる「鯨組」も結成され、クジラのお墓「鯨塚」もあるほどです（クジラは近年ぐっと減少）。

そんな見島は、日本と大陸とのあいだにあり、古くから国を守る場所としても重要視されてきました。

見島の人口は、約八〇〇人（二〇一七年）。最も多かった昭和三〇年代（一九五五年以降）には約三〇〇〇人を超えていましたし、江戸時代の一七三九年には、約一二五〇人が住んでいました。

人の数は、その当時、それだけの人口を支えるだけの食べものがあった、ということを教えてくれます。北上する対馬海流に抱かれた見島は、周囲に良い漁場を抱え、遠い地域からも漁船が訪れるほどです。でも、魚介類だけではたくさんの人のお腹を満たし続けることはできません。

小さな島でその昔、大勢の人が生きていけた理由は何でしょう。そう、お米です。見島はお米をつくることができた島なのです。

お米は一粒が、一〇〇〇粒にも二〇〇〇粒にも増えるという驚異的な穀物です。しかも長く保存がきき、蓄えることもできます。見島では、昔から自分たちの食べる分以上のお米が取れてきました。島外に出荷していたのです。

なぜ、小さな見島で米をたくさんつくることができたのか――。それは、見島には米づくりに必要なだけの水を確保する知恵と工夫があり、さらには、それを可能にする働きを人々が積み重ねてきたからです。雨水をただ待っているだけでは、田んぼに水はためられません。田んぼを整え、人工的に水を運んだり、ためるなど工夫と労働を必要とするのです。

米は、たくさんの水を田んぼにためることではじめて栽培できる穀物です。この水を確保するために、ものすごい知恵と労力がつぎ込まれています。それが、田んぼと水のものがたりなのです。

見島は、島全体にため池二〇〇個超え！

見島には高い山はありません。つまり、高い山によって生まれくる川がないのです。川がないのにどうやって田んぼの水を確保したのでしょう。

見島の最高峰はイクラゲ山で、標高一七五メートル。約一二〇〇万年前の火山活動で誕生した島で、百メートルほどの山々が集まっています。そんな山々の斜面には、棚田が一面に拓かれています。見島では、棚田のことを「だんかざり」と呼びます。ほかでは聞いたことのない呼び方です。段を飾っているというわけ

見島のだんかざり(棚田)。美しい景色が広がる

田んぼの風よけのために背の高いオニガヤを植えている

です。ちょっとステキです。「だんかざりの田んぼ」「だんかざりのマチ（田）」という言い方をします。

いつからそう呼ばれるようになったか、その呼び方の由来を探しましたが、わからないままでした。でも、優しくてどこか雅な、風情ある言い方を昔から見島の人はしてきたのです。

だんかざりの田んぼのあぜには、風よけのため、ススキのような植物が植えられています。人の背ほども高さがあります。これは「トキワ」と地元で呼ぶオニガヤ。江戸時代、この地を治めた萩藩が風よけに広めた知恵といわれています。いわば、田んぼの防風林。見島だけでなく、山口県の日本海側の棚田にも風よけの生け垣が植えられています。

見島の山の中へ足を踏み入れれば、島の奥にはだんかざりの田んぼがたくさん拓かれ、それらを潤すため池もたくさんあることに驚きます。見島ではため池が水源なのです。それも田んぼのそばに小さなため池をたくさんつくることで米づくりを続けてきました。

島のあちこちに200を超える小さなため池がある

大きなため池もいくつかありますが、大きなため池をつくるには、人手もお金も、また道具も必要です。小さな島ゆえにそれらが充分ではなかったのかもしれません。

それ以上に、海のただ中にある島ですから台風直撃や豪雨も多いところ。そのため、少しでも被害を小さくし、すぐに自分たちで修復できるよう小さな池にしておくことは、島の賢い知恵でもあるのです。

では、見島全体でため池はいくつあるのでしょうか。気になるものの、その正確な数はわからないのが正直なところです。ちなみに、日本全国にため池は、約二〇万カ所あると発表されています。日本で一番ため池が多いのは兵庫県で約四万三〇〇〇カ所。そして見島がある山口県は第五位。その数約一万弱（二〇一四年農林水産省）。

このように、共同で使う大きなため池は数えられています。見島でカウントされているため池は、たった一四個のみ。個人のため池は公式に数えることがないからです。ですから、小さなため池を数えていくと、見島のため池は二〇〇個を優に超えるだろうといいます。

昭和三〇年代に見島へ調査に入った民俗学者・宮本常一の聞き取りメモには、見島のため池の数、「二五〇」と書いてありました。ため池の多さは、川のない島ゆえの宿命といえるかもしれません。

そんな島ですから飲み水も苦労してきました。現在は、二〇〇二年に完成した見島ダムのおかげでようやく飲み水に困ることはなくなりました。見島ダムは、農業用ダムと思われがちですが、飲み水用。そして、低い場所にある田んぼを洪水から守る防災の役目も担っています。

見島ダムができる前は、ボーリングしてくみ上げた地下水に、海岸線近くから湧き出す水を混ぜて飲み水にしてきました。ですから、山の木々を燃料など暮らしのために大量に伐採すると、地下水が枯れてしまう恐れがあるため、見島の人は山の木々も大切にしてきました。

現在、島の飲み水は、地下水二〇〇トンにダムの水二〇〇トンを加えた合計一日四〇〇トンが確保されています。かつては、水が足りなくなると地下水に塩水があがってきたといいます。ですが、水がないため、みんながまんしてその水を飲んでいたのだそうです。

高い山がないにもかかわらず、山の木を守り、地下水があるのが見島ですが、夏場では塩水が混じってしまい、苦労が絶えなかったのでした。そんな見島で水を豊富に必要とする米づくりができたのは、おびただしい数のため池のなせる技だったのです。

「ハッチョウハッタン？　マンハッタン？」

島のいたるところに棚田が拓かれている見島ですが、本村港に近い、島の東南端に小さな島にはめずらしく広い田園エリアがあります。

「こんな小さな島に、これだけの水田が広がるのもめずらしいでしょう。ここ、ハッチョウハッタンっていうんですよ」

二〇〇三年一二月、はじめて見島を訪れ、船酔いが少しずつしずまってきたわたしに、見島支所の弘中さんが教えてくれました。

――え？　ハッチョウハッタン？　マンハッタン？

聞き慣れぬ響きに、頭の中がぐるぐる。そんなわたしを見て、弘中さんは説明してくれました。

「八町とは、今で言う約八ヘクタール。八反は今の約八〇アール。『八町八反』という広さを表す地名がここにはついているんですよ」

何より、ここはとても不思議な風景でした。小さな三角の形をしたため池が、田んぼの角にいくつもいくつもつくられていたのです。そんな風景は見たことがありませんでした。ちなみにその後も、こんなため池群を見島以外で見たことはありません。

「ここは昔、海だったゆうて言われちょる。埋め立てじゃあゆうて」

——埋め立て？　いつごろですか？

「それがはっきりせんのよ。年寄りに聞いてもわからんし。でも、古い絵地図を見ると一七〇〇年代（一八世紀）にはあったようや」

江戸時代、萩藩（今の山口県）は、熱心に干潟の干拓を進め、農地をどんどん広げています。八町八反の田んぼもそんな流れでできたのでしょうか。

そして、不思議な三角ため池はいったいいくつあるのでしょう。どうして、大きなため池をどーんと一つつくらず、こんな小さなため池をいっぱいつくったのでしょう。八町八反は、いつできたのでしょう。そんな疑問を残したまま、時だけが流れました。

そのあいだに、わたしは全国の農村を何カ所も取材しました。そのなかで、ま

るで公園のように美しかった田んぼや集落が荒れて草ぼうぼうになっていく姿を何度も見たのです。そのたびに切なくなりました。何もできなかった自分が腹立たしく、「ごめんなさい」と思うのです。

未来へ希望を抱き、懸命に田んぼをつくった人は、人生を懸けて、その仕事を成し遂げています。形だけではなく、米が取れる良い田んぼにするには何年も何年もかかります。

そして、何十年何百年とそれを受け継いで繰り返し、水を守り続けることで田んぼが田んぼであり続けるのです。ですから、田んぼを荒らすということは、農家の人には耐えがたいことなのです。代々受け継いできたものを自分の代で止めざるをえないのですから。

農地が美しい姿のままであること。それは眺めの良さの問題ではありません。農地が元気である風景は、わたしたちを支える土台がきちんとあるよ、と証明してくれています。安心感を与えてくれます。わたしたちは生きものですから、食べものがちゃんとつくられているのを見ると、安心するのかもしれません。

見島は、日本海の離島です。そんな見島の田んぼは荒れていっていないでしょうか。八町八反のたくさんの三角ため池は、今の時代にそぐわないと埋められてしまっていないでしょうか。あのどこにもない、不思議な田んぼの光景は今もあるでしょうか。

わたしは心配でした。あの田んぼとため池の風景は貴重なはず。なのに、それを確かめもせず荒れてしまい、この地球上からもうなくなっていたら……。ですから一三年ぶりに再び見島へ向かったのです。

三月のはじめ、やっぱり日本海はまだ荒れていて、船は大きく上下します。ですが、大丈夫。以前見島で教わったとおり、船底で横になってやり過ごします。

作戦は大成功。

船が島に近づきます。迷路のように並ぶお墓の石垣群が見えます。見島の風景です。風よけのため、浜辺のお墓は、ミニ古城のように丸い浜の石でお墓を四角く囲んであるのです。こんなまん丸の石を上手に組むのは、きっと見島の人だけでしょう。

まずは深呼吸です。見島の、人と大地の結び目がほころんでいないことを祈りつつ、わたしは見島の大地に足を踏み出しました。

夕方の本村港で船を降り、宿の場所を確かめていると、声をかけてくれた人がいました。見島支所でお世話になった弘中保貴さんでした。二〇〇三年のクリスマスに島を案内してくれた人です。真っ黒な髪が白くなっていましたが、あたたかな笑顔はそのまま。わたしのことを覚えていてくれました。

「変わらんですねー」

かけてくれる言葉もあったかいままです。

こうして、わたしの見島取材は再び（ふたた）はじまったのでした。

謎(なぞ)その1——不思議な三角ため池

「ハッチョウ八ッタン」にある三角ため池

本村港から歩いて五分。見島の東南端、視界が広々と開ける田園エリア、そこが「八町八反」です。一見何のヘンテツもない田園風景ですが、小さな島にしては広すぎるほどの田んぼ空間です。

ありました。ありました。三角ため池も、ちゃんとありました。でも、なんだか荒れ地が結構あるようです。三角ため池も以前はもっと透き通っていたように思えましたが、池の中に木が生えているところもあります。でも、埋められたり崩れたりはしていません。

「八町八反」は、先にも書きましたが、広さを意味します。「町」や「反」は面積の単位。現代のヘクタールやアールに言い換えることができます。一町は約一ヘクタール。一反は、約一〇アール。八町八反は、つまり約八・八ヘクタールの意味です。でも、実際には一二ヘクタールほどだといいます。

江戸時代に描かれた見島の絵図を山口県の文書館で探してみました。そこには

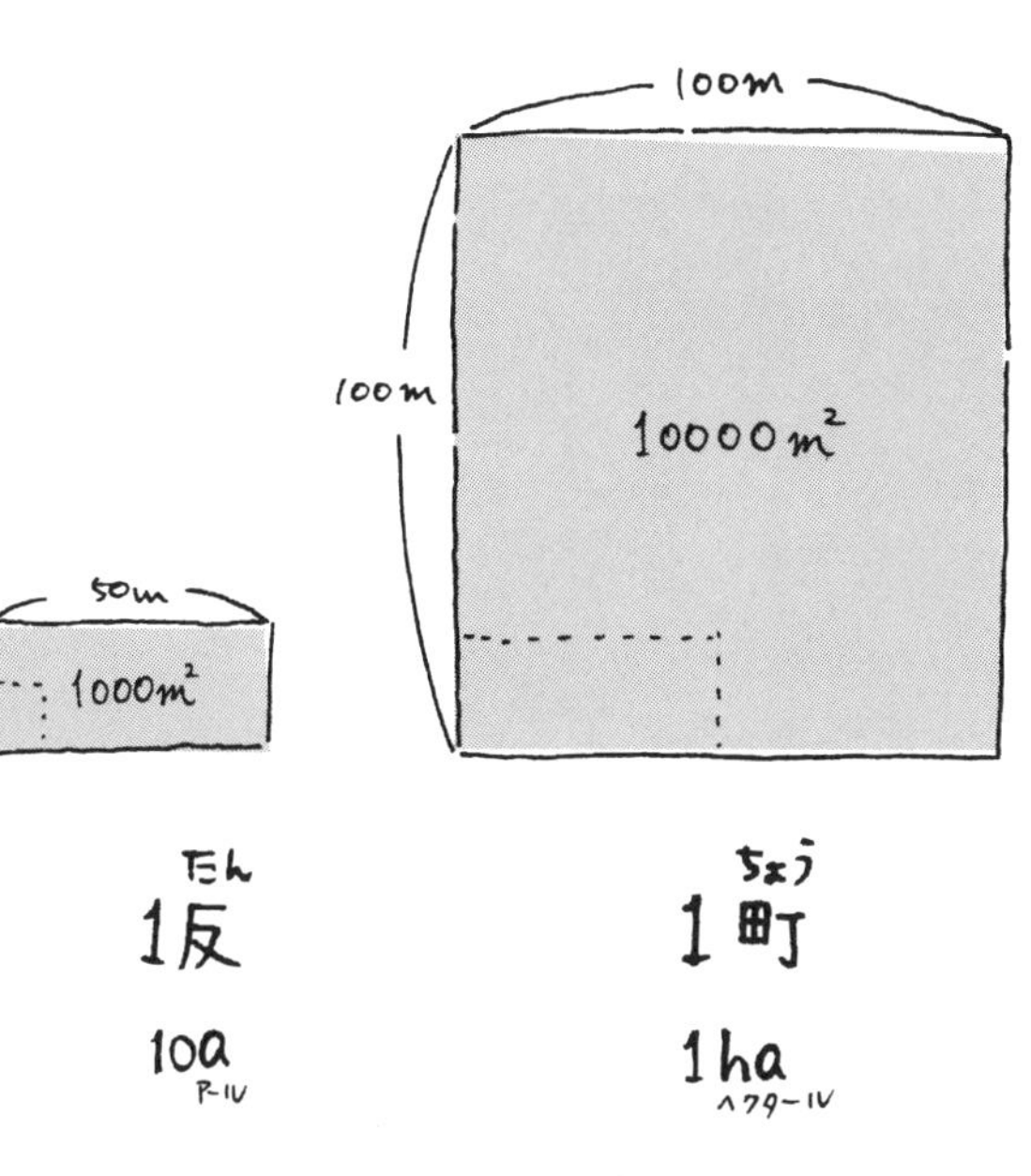

すでに、「八町八反」が黄色い稲穂の色で描かれてあります。いくつかあった江戸時代の絵図には「八町田」とか「八丁・八反」の地名が書かれてありました。

実は、この平らな田園エリア全体の広さは、約一五～一六ヘクタール。東京ドームは四・七ヘクタールですから、東京ドームが余裕で三個入る広さです。

細かい地名が入った見島の字図を見てみると、この田園エリアは、「八町八反」（約一二ヘクタール）を中心にして、西南端に「山崎」と「うね」という小さな字があり、一本道をはさんだ南側、海寄りの「片尻」（約三ヘクタール）へと続いています。

※字……町や村の中を細かく分けた昔ながらの地名。「小字」ともいう

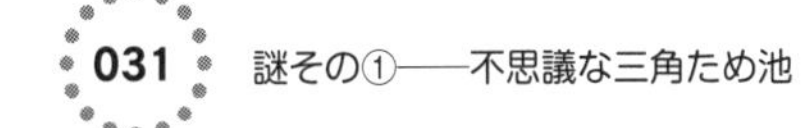

小さな島に約15ヘクタールもの水田が広がる。とてもめずらしい光景

三角形のため池がいくつも点在する。
ここから水をくみ上げる

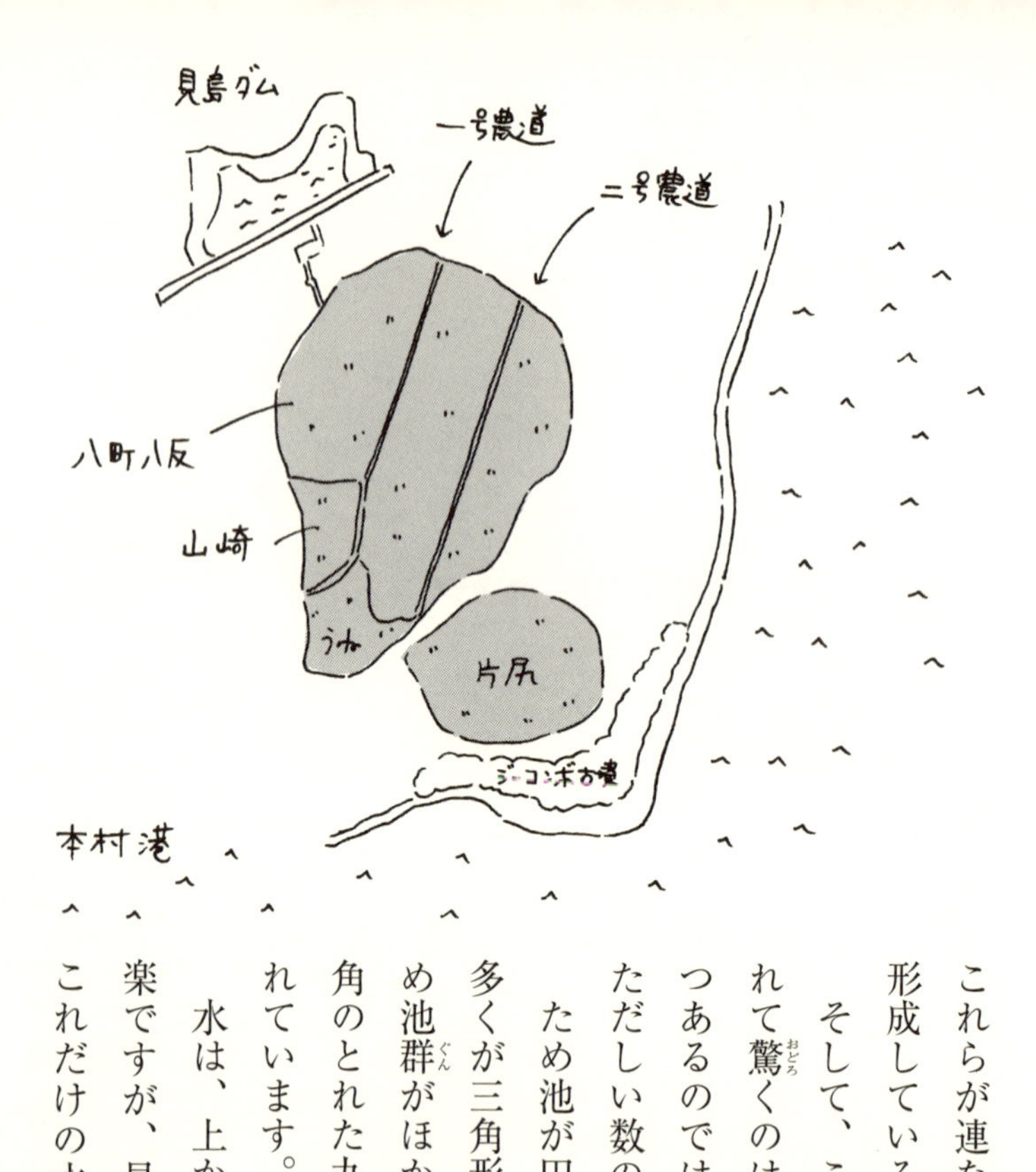

これらが連なり、島の一大水田エリアを形成しているのです。

そして、この田園エリアに足を踏み入れて驚くのは、田んぼの隅っこに必ず一つあるのではないかと思うほどの、おびただしい数の小さなため池の存在です。

ため池が田んぼの角につくられ、その多くが三角形。世界にこんなかわいいため池群がほかにあるでしょうか。しかも、角のとれた丸石でため池の内側が固められています。

水は、上から下へと流し落とす方法が楽ですが、見島では川もありませんし、これだけの水田があるにもかかわらず、大きなため池を山の上につくって、田んぼへ水を流し落とす工事も入っていません。ですから重力に逆らい、田んぼの隅っこにつくられたため池から水をくみ上げるしかないのです。

現在は電気ポンプでくみ上げているほか、昭和五〇年代（一九七五年以降）からはボーリングした地下水で水不足を補っていますが、その前は、人が二人組になって池の水を繰り返し繰り返しくみ上げていたといいます。

二〇〇三年、見島支所の職員で八町八反の耕作者、天賀保義さ

ん（昭和二七年生）から、なぜため池が三角なのか教えてもらいました。ちなみに今、天賀さんは見島の公民館長さんです。

「今はポンプでくみ上げていますけど、昔は人力。夫婦二人で水をくみ出すんです。水くみ桶の両方に縄をつけて、こっちとそっちで引っ張りながら、池から水をかき出すようにくみ上げる。だから、水を田んぼに入れやすいように池に角をつくってあるんです」

この三角のため池、水がたっぷりあるときは、水面は地面と変わらないくらいすれすれ。昔は「水かえたご」と地元で呼ばれる水くみ桶を使い、二人組で水をかき出していました。

地元で「水かえ」というのは「水をくむ」という意味です。水を「くむ」ことを見島では「かえる」といいます。そして「たご」は桶。

「水かえたご」は今では使う人はありません。何人かにたずねましたが、みんなもう持っていないと言います。いったいどんな姿だったのでしょう。桶も取材しながら探すことにしました。

さて小さな池ですが、三角の一辺はだいたい五〜六メートル、長い辺で一〇メートル弱〜一〇数メートルといったところ。三角おむすびに近い形です。まるっこかったり四角に近かったり。なんだかとても表情豊かです。

取材を進める中で、戦前、池の大きさは今の半分ほどだったと聞きました。機械の登場とともに大きくしたというのです。大正から昭和初期には池に手づくりの巨大な風車を建て、動力で水をくみ上げていた家もあったといいます。位置や数はそのままに、より多くの水を確保するために大きくしていったのです。

深さはだいたいどれも約二〜三メートルはあるとか。干ばつになると底が見えるといいます。中は二段構えになっていて、水が減ってきたら池の中の段に降りてくみ出したのです。昭和三五（一九六〇）年夏に民俗学者・宮本常一が、空になった三角ため池を撮影しています。底が二段になっているのがわかります。

天賀さんにもっと詳しく教えてもらいました。

「池の水かえ（水くみ）は夫婦でやってました。池の水が減ってきて、深いところの水をかえるとなると、喧嘩になるんですよ。親父から聞きましたね。息が合わないと、水面が高いときはいいんですが、低くなってくると桶が石垣にあたるんです。

そうしたら木の桶だから割れる。で、喧嘩になる。『アンタが悪い』『いや、おまえが悪い』って。水くみは、二人ともくたびれるんですよ。だから、文句の一つも言いたくなるんでしょうね」

女性も水をくむのは当たり前でした。どの家も同じ時期、同じ時間帯に水くみをしなければなりませんから、頼むこともできず、その家その家でやるしかなかったのです。

池の石垣は丸い石で組まれている

また、池のどれも内側が丸い石で組まれていることにも驚かされます。石の大きさはだいたい二〇～三〇センチメートルぐらい。浜の石だといいます。八町八反の南側にある横浦海岸には、昔からこうした丸い石がたくさんあるのです。

ため池は丸石を組み上げてつくられている

ちょうど、その横浦海岸の浜堤には、浜の丸い石をいくつもいくつも使った国の史跡「ジーコンボ古墳群」があり、約二〇〇基のお墓が並んでいます。さらに、現代のお墓を囲む防風壁もこの丸石で組まれています。

ですから、池の石垣も浜から「もっこ（わら縄などを編んでつくった運搬道具）」で担いできて組んだのだろうと、見島の人は話します。かつては人力。どれだけの労力が投じられているのでしょう。一つの池だけでも石の数は相当ですから、全体ではとんでもない数です。

一つ、聞き取りで発見がありました。

丸い石は、八町八反の田んぼの下からもいっぱい出てきたというのです。この話をしてくれたのは、八町八反でも海寄りの田んぼを持つ昭和一七年生まれの農家のお父さんです。

「うちの家は、八町八反の田んぼは昭和四〇年代に買って、小さい池を大きくした。みんなに『てご』(手伝い)に来てもらって『手代わり』(互いに助け合う)で石垣を組んでの。掘ったら丸い石が底からいっぱい出てきたな。それを使って組んだ。ジーコンボ古墳も海岸も石山やから層が同じで、砂の下に石があるんじゃろうな。

石がいると思って山から石を割って持って行ってたが、下から石がなんぼでも出てきた。田んぼの下は石と泥が一緒になっちょる。昔、八町八反は石の浜で隣の高見山を削って埋めたんじゃないかと思ったね」

最近は石積み技術が失われてきたといいます。そんなか、見島の石積み名人、昭和三年生まれの田中義男さんの存在を耳にしました。三角ため池の石垣修理をした石工さんだというのです。

田中さんと一緒に現場へ足を運びました。よく聞いてみると、八町八反の南側、海寄りの片尻（字名）の池を直したといいます。

「片尻のここ辺り全部わしが組み直したところよ。ため池一〇個ぐらい、わしが修理したよ。三〇年くらい前の話じゃなあ。日照りの年での。ユンボ（重機）で池の底の泥すくってもらったあとに組み直したねえ。池の石垣は丸石。あった石で修理したよ。丸い石はつきええ（組みやすい）よ。『グリ』ゆうぱらぱらした小さい石を後ろに入れるわけ。それを重ねていくんじゃの。

修理するとき、水は全部田んぼに捨てて一度、空にする。空にしても一晩のうちに水が池に集まってたまる。水がもとに還ってくるんよ。見島は、山の方は粘土質じゃけど、八町八反や片尻は砂地で夕方、水をかえても（くんでも）通り抜けて、朝には水が戻っちょる」

片尻は、八町八反より池が大きめで一周二〇メートルを超えるものが多いとのこと。深さは三メートルぐらいあり、一つの池の石垣を直すのに三～四日かかったと話してくれました。

「石垣が膨らんだらいけん。組み方によっては一つ石を抜くとだぁーとくえる(崩れる)。うまく組めば、一個抜いてもくえん。数やらんと上手にやれんよ」

今では石垣を組む人はいなくなってきています。今後、三角ため池の石垣もいつまで残るのか気がかりです。

小さな池はウナギを捕ったり遊んだり

「八町八反の池では、フナ釣りをよくしました」と多くの人が話します。ウナギもよくいたそうです。かつての池は、食べものを手に入れる場でもありました。

「前は、底水になったとき、ウナギが見えましたよ。当時は地元の医者がゲランという薬をまくんですよ。ウナギの気を失わせるというか、少ししたらウ

ナギが浮いてくる。それを捕まえている
のをぼくらは見ていたもんです」
というのは天賀保義さん。こう続けま
す。
「池の中のものは、誰が捕っても良かっ
たんですよ。ぼくらも好き勝手に柳の枝
を使って、フナ釣りをしましたよ。文句
を言う人は誰もいなかった。水を取った
となったら問題でしょうけれど。
柳の枝をたたく。たたいて汁を出す。
毒があるのかはわからないけれど、汁に
よって苦しくなるのか、その枝を池に垂
らせば、ウナギが苦しくなって上がって
くるんです」

また、島の男の子たちは、海へサザエなどを捕りに行った帰り、池に入って「潮洗い」や「潮抜き」をしたといいます。体についた海水を池で洗い流すというわけです。どの池に入っても良かったのだとか。子どもたちは水がきれいな池を選んで遊びました。でも、日照りで池が焼けて（干上がって）、入りたくても入れない夏もあったそうです。

「八町八反の水は真水です。塩水は入ってこない。下から水がわき出ていますから澄んでいてきれいなんです。だから海で泳いだあと、池に飛び込んで潮抜きをする。池の中でさわいで、さんざん水をにごらせてから家に帰りましたね（笑）。こうした遊びは、一五歳ぐらいまでですね。見島には高校がないので、そのあとはみんな、島を出てしまって……」

いつしか池に入って泳ぐ子どもはいなくなりました。池のごみさらいをしなくなったからです。かつては秋から冬にかけて、池の容量を保つため、底にたまった泥や落ち葉などをかき出しました。けれども、昭和五〇（一九七五）年頃、八町八反もボーリングからの地下水が取れるようになり、水に困らなくなると、こうした作業はなくなりました。そして徐々に、池のようすが変わっていったのです。二〇〇三年一二月、まだまだ澄み切った水と丸い石で細かく組まれた石垣が見事だったのを覚えています。今回、水の中があまり見えないことにわたしは気づいていました。水はきれいでも、水草や木が生い茂っていて、中がなかなか見えなかったのです。

ここは小さき生きものたちの楽園

ポチャンポチャン。八町八反一帯のため池に近づくと、やたらめったらそんな音がします。「キャッ」という声まですするのです。「ギャッ」とも聞こえます。何かがこちらの気配に驚いて、水の中に飛び込むのです。カエルでしょうか。戦後すぐ食料の助けにと、見島の漁業協同組合が持ち込んだ外来種のウシガエルがため池で繁殖しています。ヒキガエルはあぜに見つけましたが、みんなすばやいのです。
アオガエルもいるそうですが、見つけられないまま。アカガエルもかつてはいたとか。でも、「おねしょに効く」といわれていた上に「おいしかった」そうで、食べ尽くしてしまったようです。

ゆっくり進むと、三角ため池の石垣に黒いカメが乗って、甲羅干しをしています。クサガメでしょう。イシガメなら少し黄色っぽいはずです。まるで石のようで、見落とすところです。でも、彼らはとっても臆病。するするポチャンと池の中へ。大慌てでのぞき込むのですが、姿は見えないままです。

見島には、イシガメとクサガメがいるといいます。クサガメの特徴は、背中の甲羅に三本のキール（山）があること。そして、危険を感じたら、くさいにおいを放ちます。オスのク

サガメは「黒化」といって、大人になるうちに黒くなるようなのです。何匹もカメはいましたが、黒いカメばかり目にしました。

実は、見島の「大池」で暮らすイシガメとクサガメは、国の天然記念物に指定されています。大陸と日本が大昔つながっていたことを示すものだといいます。

そして、三角ため池の中にはきっとたくさんの水棲昆虫がいるはずです。こちらの池では小さなオタマジャクシが泳いでいます。と思えば、あちらはなんて大きなオタマジャクシ。ウシガエルです。メダカも泳いでいます。そこをアメンボがすーっと横切ります。

島の人に聞くと、池にはメダカ、ゲンゴロウ、タガメ、ヤゴ、なんだっているそうです。田んぼにはカブトエビもかつてはいたそうですが、農薬を使うようになって、まったくいなくなったとか。

そして、見島は渡り鳥の宝庫。日本海を渡る鳥たちが羽休めをする場所なのです。見島では、日本で確認されてい

ヤマショウビン

る野鳥約五〇〇種のうち約三五〇種が確認されています。

春、八町八反を歩けば、ため池の中のドジョウを狙うカワセミがじっと待機しています。ドジョウは、腸呼吸をするため、口から酸素を入れようと水面に顔を出す瞬間があるのです。そこをすかさず、鳥がぱくっと。

さらにはバードウォッチャーのあこがれというヤマショウビン、黄色やオレンジの着物をまとったキビタキ。青い羽根が美しいオオルリ。小さなアトリも群れになって田畑を移動しています。「チョコビーチョコビー」と鳴くのはセンダイムシクイ。どっぷりと存在感あるカラスバトも生息しています。頭がフサフサのヤツガシラや、干潟の少ない日本海側ではめずら

セイタカシギ

しいセイタカシギもピンクの足で田んぼを優雅に歩いています。

野鳥の宝庫です。しかも見島は、ゆっくり観察ができるという特典付き！　というのも渡り鳥たちは長い旅の途中、お疲れ気味なんです。羽根がボサボサだったり、人と同じなのでしょうか。ちょっとぼんやりしています。それだけでなく、ここは獣に襲われる心配がなく、ゆったりと田んぼや山道でエサ探しをしています。

なんと、見島には野生の四つ足動物がいないのです。田んぼの獣害もなし。日本中でイノシシやシカの獣害がはびこり、サル、クマ、イタチ、テン、ハクビシン、外来種のアライグマなどにもみんな頭を痛めていますが、これらの獣が見島にはまったくいません。

ネズミやモグラはいるようですが、驚くことにキツネもタヌキも、ウサギも見島にはいないのです。こうした動物たちは「もともといない」という説もありますが、こちらもやっぱり人間が「食べ尽くした」のかもしれません。

さあ、八町八反の池を一つ一つ歩けば、次から次へと生きものの声や音であふれかえります。なんて賑やかなのでしょう。ここは、小さき生きものたちの楽園です。まさに宝箱をひっくり返したようなワンダーランドがありました。

八町八反一帯にため池百個あるかしら

二〇〇三年、八町八反の耕作者は約三〇人と聞きました。それぞれの家でため池を最低二個、多い人は三〜四個、八町八反一帯に持っていると聞き、驚きました。ならば、ともすれば百個ものため池がありそうだと思ったからです。でも、誰も数えたことがないというのです。埋めたものもあるそうですが、あまり変わらないともいいます。

いったいいくつあるのでしょう。

「うちのひょうたん型の池は一つに見えるけど、実は三つ。中が石垣で三つに

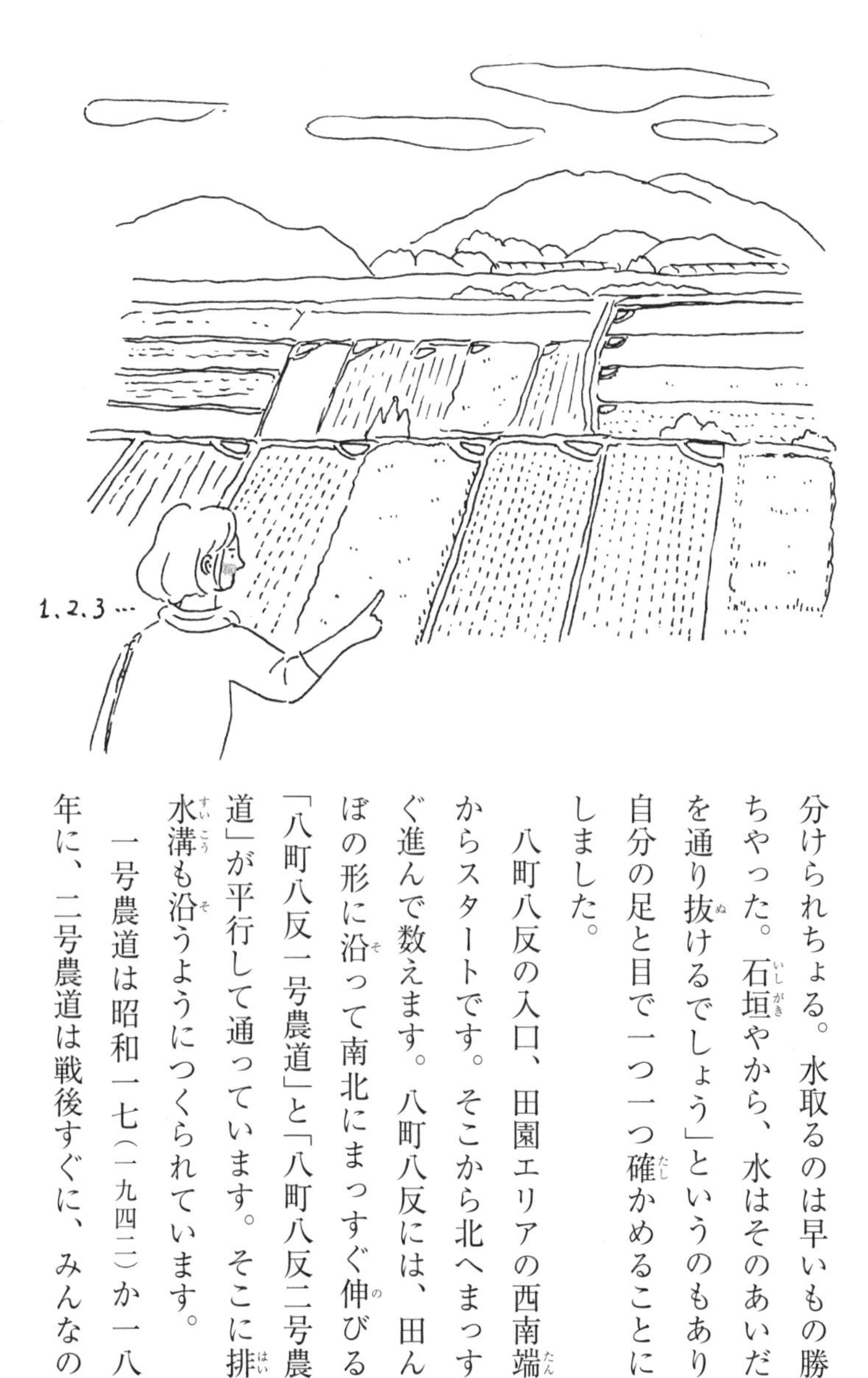

分けられちょる。水取るのは早いもの勝ちゃった。石垣やから、水はそのあいだを通り抜けるでしょう」というのもあり、自分の足と目で一つ一つ確かめることにしました。

八町八反の入口、田園エリアの西南端からスタートです。そこから北へまっすぐ進んで数えます。八町八反には、田んぼの形に沿って南北にまっすぐ伸びる「八町八反一号農道」と「八町八反二号農道」が平行して通っています。そこに排水溝も沿うようにつくられています。

一号農道は昭和一七（一九四二）か一八年に、二号農道は戦後すぐに、みんなの手でつくられました。細いあぜ道しかなかったものを広げ、溝を掘り、崩れないようマツの杭に細い竹（おなご竹）を組んで側面を保護し、排水路をつけたといいます。現在は、二本の農道も排水路もより広げられ、コンクリート化されています。

ため池探しも、この平行する二本の農道のおかげで歩きやすく、数えやすいのでした。けれど、荒れ地も増え、入れない場所も。それでも草をかき分け確認できたものは、八町八反エリアだけで五六個。一九九二年撮影の航空写真を見ると、足を踏み入れられなかった場所に、もう一カ所。さらにあるかもしれませんが、計五七個です。このほか今回聞き取りで「埋めた」と確認できたものが八町八反で四個あり、合計六一個です。

八町八反をつらぬく農道

そして、八町八反とつながった山崎・うねエリアには、一一個。八町八反と合

わせると約一二～一三ヘクタールばかりの中に、なんと七二個です。

そして、南側の片尻エリアへ。片尻は一本道を挟んでいるので、はっきりとエリア分けできます。片尻は一見、八町八反と同じような田んぼですが、中に入ると田の形がばらばらで、池の位置もばらばら。わたしはうろうろしてしまい、この違いに驚きました。

しかも片尻の奥、東南端はヨシが生い茂り、荒れ地の海。まったく足を踏み込めません。ひとりで踏査中に池に落ちておぼれて一大事ということになってもたいへんです。それでも自分の目で確認できたのは、一七個でした。

手前の方でも木や草が繁って入れない一角もあり、困っていたところ、ちょうど片尻の脇の倉庫で作業中の人がいました。片尻の耕作者、佃克彦さん（昭和三六年生）です。たずねてみると「ああ、そこには池があるよ」と即答です。これで一八個です。

「木の電柱が立っているでしょ。木の電柱があるところは昔、ポンプで水をあげるために、電気をそこまで引っ張ってきてる証だから木の電柱があるところには全部、池がある」
と教えてもらいます。そういう目を持つと、田んぼの中の小さな古びた電柱がかしぎながらもかろうじて立っているのが見えるようになりました。ここにも、あっちにも。

佃さんの教えに従って片尻の東南端の荒れ地の海を見ると、傾いた電柱が一本。そこに一個あるのでしょう。これで一九個目です。片尻の奥はこれ以上踏み込めずじまい。

航空写真で確かめると、プラス四個は見てとれました。まだあるかもしれませんが、片尻には一九個+四個で二三個。八町八反（山崎・うね含）七二個+片尻二三個で、九五個。

島の水田エリア十数ヘクタールの中に、小さな三角ため池が少なくとも九五個はあったのです。

これらのなかには、二つの池を一つにしたものもあるとも聞きます。また、埋めたものすべてを確認できたわけではありません。今言えることは、この一帯に三角ため池が約百個存在し、今も九〇個近くは現役だということです。十数ヘクタールの中の物語です。三角ため池百個群。こんなところ、やっぱりほかにはなさそうです。

今では見つからない「水かえたご」

八町八反の耕作者、中家勲さん（昭和一八年生）からはこんな話を聞きました。

「子どものとき、桶で水をかえました（くみました）よ。一尺（約三〇センチメートル）ぐらいの桶です。直径も深さも一尺ぐらい。両方からひっぱって使う。田んぼの水が減ったらくんで入れていましたね。池が空になるまでね。雨が降らないと池の水も涸れ、池の底が割れるんです。ひびが入って。そのときは、池にいたフナやドジョウ、ウナギも死ぬ。田んぼは焼けて、米ができない年もありました。今はボーリングの水があるからそんな心配はありませんけれどね」

中家さん

昭和七年生まれの金谷規矩夫さんも訪ねました。
「小学四、五年生になったらやらされよった。三〇分もすればブーブー言いよったなあ。私と兄貴と親父でやりよった。小さめの水かえたごを、島に桶屋があってつくってもらったなあ。終戦後はプラスチックが出て、バケツもブリキが出て桶屋も仕事が減ったね。
桶の木は萩から入っていたかもしれんなあ。スギが主じゃったからの。スギは、はねて燃料に向かないから見島ではあまり植えてないど。見島はマツが多いけど、マツは重い。水かえたごには向かないね」
もう「水かえたご」は誰も手元に残しておらず、見島に民具を集めた倉庫があり、そこへ行って探しました。たくさんの古い道具が並んでいます。犂、かござ

あきらめかけていたとき、民具置き場で「水かえたご」を発見！

る、てご、びく、漁で使う巨大な籠、手桶……大きな漬けもの樽。けれど、一尺程度の桶は見つかりません。（もしや！）漬けもの樽の中をのぞき込みました。

「あった！　あった！　水かえたご！」

　わたしはまさに小躍り。一つだけ埋もれていました。棕櫚の縄が上下についています。間違いありません。桶の厚み一センチメートル、水くみ口は直径二九センチメートル。底に向かって少し細くなっていて、底面直径二五センチメートル。高さ二九センチメートル。桶の上にも下にも、縄を通すための穴があいた立ち上がりがついています。釘は使わず、板を組み合わせ、竹で周りをしめてあります。棕櫚縄の長さは上側で約三メートル、下は約三・五メートル。長さは調節できるようにしてありました。その先端に長さ約一〇センチメートルの竹筒が持ち手用についています。

取材を進めるともう一つ、瀬畑家の納屋で見つけることができました。昭和六年生まれの瀬畑米子さんはこう話します。

「戦後すぐ、一六歳になったとたん嫁に来て、すぐに水かえ（水くみ）やってましたよ。上手な人は、水が池のふちにいっぱいあるときに、回したごをしていたの。見事な早技じゃった。たご（桶）を回すの。しゃーしゃーしゃーしゃー、ぱっぱと二人で桶を回しながら水すくって入れるの」

「回したご」の響きに目をぱちくりさせていたら「ごめんあそばせ」と米子さんは立ち上がり、膝でリズムを取りながら腕を大きくぐるんぐるんと回しました。二人組で長縄跳びの縄を回すときの、あの感じです。でも、重かったに違いありません。感心していると、米子さんは「わたしはできなかったけどね」と笑うの

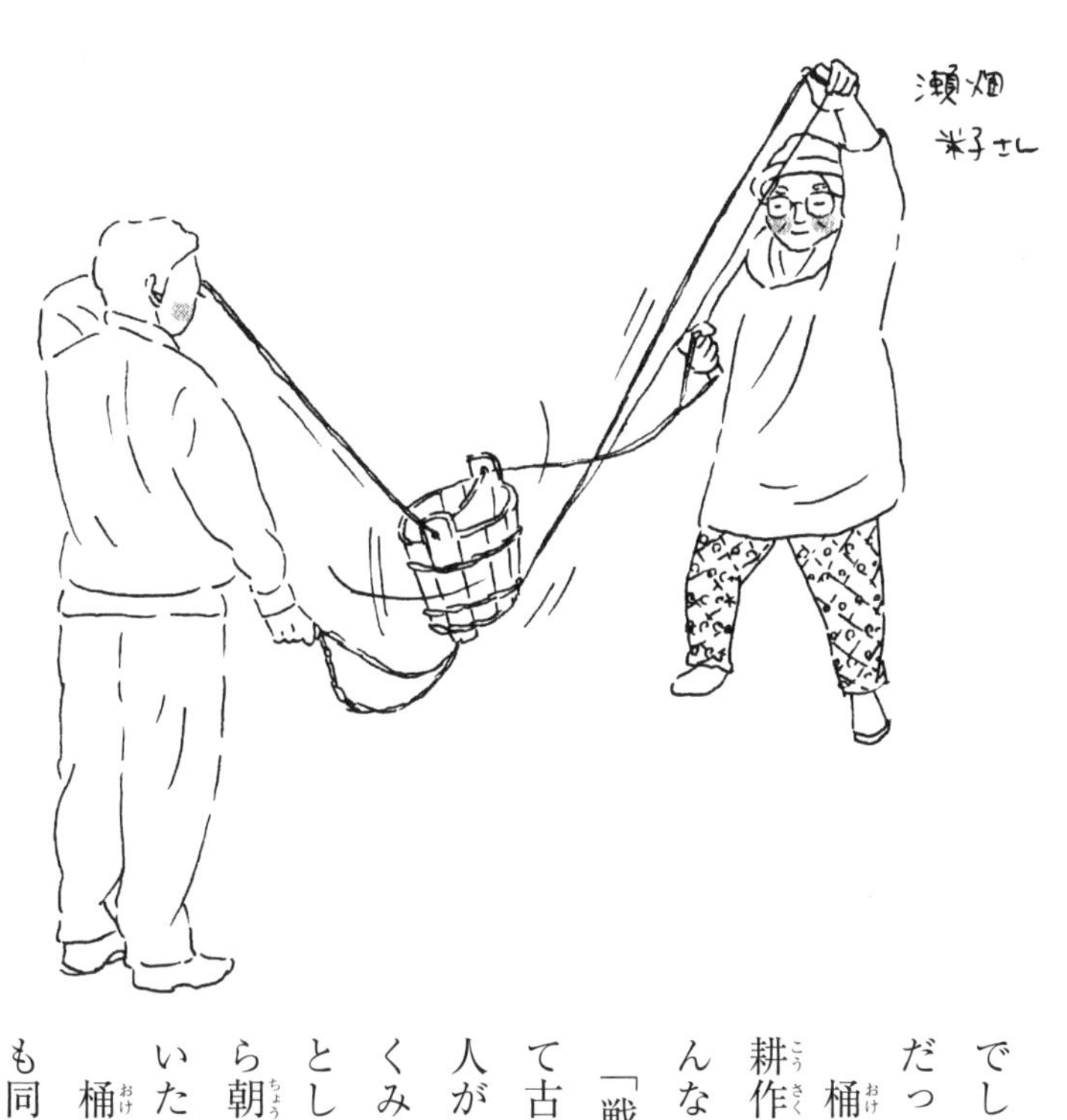

でした。水をくみ出すのも力と技が必要だったようです。

桶探しをしているときに、八町八反の耕作者、左野忠良さん（昭和一三年生）がこんな話をしていました。

「戦後しばらくして、見島に住みついて古鉄を集める仕事していた朝鮮出身の人がいてね。その人が、八町八反での水くみ作業を見て、『まあ、朝鮮と同じことしよる』とゆうてたなあ。見島は昔から朝鮮の漁師が時化で流れ着いて住みついたりしたからの」

桶のルーツが気になりました。朝鮮にも同じ桶があったのでしょうか。いったいこの桶は、どこから来たのでしょう。

桶や樽の研究をした本を調べてみたのですが、朝鮮にルーツを見つけることはできませんでした。むしろ、朝鮮には戦前戦中に日本の桶や樽の技術が渡り、定着もしているようです。そうなると、この桶のルーツは中国かもしれません。

中国の古い農書（王禎著一三一三年発行）には、二人組が同じように、田に水をくみ上げているようすが描かれていました。使っているのは桶というより籠のよう。一三〇〇年代の中国には柳の小枝の皮などを編んだ水くみ道具があったようです。日本のほかの地域ではどうでしょうか。

水かえたご（桶）はどこから来たのだろう

江戸時代の農具の本『農具便利論』に図入りでよく似たものが載っていました。名前は「取桶」。「振釣瓶」「揚水桶」ともいい、これらは、各地で長年使われ、「土地によっていろいろな呼び名がある」と紹介されています。「はねつるべ」と言わ

江戸時代に使われていた取桶（『農具便利論』日本農書全集15　農文協）

れたりも。どうやらその昔、水をくみ上げる桶は全国にあったようです。

探してみると、佐賀県の佐賀平野で江戸時代に使われていました。佐賀平野の多くは干潟を干拓してできあがった土地。ここに張り巡らされた水路「クリーク」から水を得るため、くみ上げる道具が必要でした。

ここで使われた桶の名前は「打桶」。見島の「水かえたご」とよく似ています。ほかに九州筑後でも打桶は使われたようですが、どれも川や水路からの水くみ。全国にあったとはいっても、三角をした小さな池からかき出すように水をくみ上げ、一九七〇年頃まで使っていたのは見島だけかもしれません。佐賀平野では一七〇〇年代にはすでに、当時の画期的な「足踏水車（ふみぐるま）」による取水へと代わっていったようです。

取材を進めていくうちに、元山口大学教授で地理学者の三浦肇先生が、中国桂林でため池から人力で水をくみ出す光景を見た、という話に出会いました。三浦先生を訪ねた理由は別にあり、その話はあとで詳しく書きますが、一九九〇年代の中国で素朴な水くみ方法を見たといいます。

「一九九一年の七月にユネスコで、中国の桂林の奥地へカルスト地形の調査に行ったときのこと。カルスト平野にも水田があってね。大きなひしゃくを縄で補助しながら、ため池から水をくみ上げていたなあ。ため池は、見島よりずっと大きいものだけどね」

先生がその光景を撮影した写真を探し出してくれました。見てみると、水をくむ補助用に三本の長い竹を三脚のように組んで立ててあります。そのてっぺんに、大きなひしゃくの先端に取り付けた縄をかけ、その縄をもう一方の手で引っ張りながら水をくみ出す方法のようです。大きなひしゃくは、木をくりぬいているようにも見えます。ここは、こうした水をくみ出す道具なしには、水田に水を入れることができない場所だと先生は話します。

見島の八町八反も水を上から下へ流し落とす方法がなく、くみ上げるしかありません。つまり、水をくむ道具なしではお米がつくれないのです。ですから、田んぼとため池の完成と同時に、何らかの水くみ道具が必ず存在していたはずです。そうしなければ、ここの田んぼには水を入れることができないわけですから。

中国の桂林で見かけた水くみの風景（撮影：三浦 肇）

今わかることは、日本において、人力での水くみ道具の最終形が、江戸時代の「取桶（打桶）＝水かえたご」であり、それが見島の八町八反では、一九七〇年頃まであたりまえに使われていたという事実です。

ただ、こうした桶の前には、たとえば木をくりぬいただけの単純な道具が使われていてもおかしくはないのだと中国桂林のひしゃくの例から想像することができました。

謎その❷——お米づくりと「八町八反」

米づくりにも野菜づくりにも、水は欠かせない

見島は、小さな島ゆえに水が少ないところ。でも、米づくりに水は欠かせないものです。日本は世界でも水に恵まれた国ですが、地域によっては、降水量が少なかったり、高い山がないために大きな川が生まれず、水不足となる地域がいくつもあります。

わたしは香川県高松市で育ちましたが、香川県も水がないところです。香川用水という国の大事業で隣の徳島県の吉野川から水をもらうまでは、飲み水にも苦労しました。ですから、お米をつくるために香川では昔からため池がたくさんつくられてきました。

でも香川のため池は、見島のものとはまったく違います。小さいといっても土手（堤防）も立派で、近年は周辺に遊歩道が設けられたりするほどですし、高いところから下へ水を流し落として、田んぼを潤す仕掛けです。

このように、人工的に作物に水を与えることを「かんがい」といいます。こう

香川県のため池「北条池」。立派な堤防があり、水量も豊富

しないと作物がうまく育たず、食糧を安定してつくることができないのです。

空から降ってくる天水頼みでは、雨が降らないと作物が枯れ、干ばつとなります。かつてこれは、飢饉をもたらす怖ろしい天災でした。干ばつは長いあいだ、わたしたちを苦しめたのです。ですから、人々は、食べものを常に得られるよう、水を確保する技術を追求し、極めてきたといってもいいでしょう。

日本の地形は、まるで馬の背のようだといわれます。連なる山脈の尾根が馬の背中のように日本列島を縦に走り、そこに降った雨が一気に、日本海と太平洋へ流れ出てしまうのです。それをゆっくりと使えるよう、水路が網の目のごとく日本中に張り巡らされました。その水路の長さをすべて足すと、なんと地球一〇周分（約四〇万キロメートル）といいます。

田んぼに水を入れるため、縄文時代末期や弥生時代から川に堰を設けて、水を田んぼへ入れる水路（溝・井手）がつくられました。そして、川のない場所ではため池を高い場所につくって、雨水をため、必要なときにため池の栓を抜き、水を水路（溝・井手）に流し入れる方法を取ってきました。水は上から下へ、重力を使って自然に流れ落ちていくのが良いのです。

見島の八町八反一帯の特徴は、おびただしい数の小さなため池を田んぼの隅っこにつくり、そこから水をくみ上げるという独特の方法が用いられたことです。ほかでは見られない素朴なかんがい方法です。そして、それが昭和四〇年代（一九七〇年頃）まで続いていました。

米づくりは、水の確保という課題を乗り越えなければなりません。日本各地でこの難題を解き、行動に移した偉人たちがいます。

熊本県にある「通潤橋」。遠方から田んぼに水を引くためにつくられた

たとえば、熊本県の石の送水橋である「通潤橋」と「通潤用水」は、水のない台地に水を届け、田んぼをつくり上げた江戸時代末期の大事業です。通潤橋は、二〇一六年の熊本大地震で石管から水漏れし、修理が必要となりましたが、石組みは崩れることなく脚を踏ん張りすっくと立っています。

昔からこの通潤橋と用水をつくった布田保之助は地域の神さまになってきました。今も、通潤橋の水の恩恵を受ける農家は、仏壇や神棚の横に布田保之助翁の肖像画を飾り、朝夕、手を合わせています。

日本中、田んぼに水を運び入れる創意工夫が各地で見られます。水源はすぐ近くにない場合がほとんどです。三〇キロメートル以上向こうの川の上流から長い用水路で運ばれてきたり、山の上の方に大きなため池があったり、豪雪地帯では秋に代かきをすませ、雪解け水を田んぼの中にためて使うなど、思いも寄らぬ知恵と労力で水が確保されているのです。

このように田んぼづくりは、水の確保とセットなのです。身の回りの田んぼの見えない立役者である水源や水利（かんがい）を探す小さな旅も楽しいものです。

お米はどこからいつ日本に来たの？

水田稲作が日本ではじまったのは、縄文時代の後期といわれています。お米のふるさとである中国大陸に近い九州北部は、日本でも早くからお米がつくられてきました。どこからお米が日本にやって来たのか、実ははっきりとわかっていません。

朝鮮半島から九州にやってきた説。中国の長江辺りから東シナ海を越えてやってきた説。そして沖縄のほう、琉球列島といった南から渡ってきた説があるのです。

朝鮮半島では紀元前一五〇〇年頃に中国大陸から米づくりが伝わったとされており、朝鮮半島と人々が行き交うなかで稲作が日本に入ったと考えられてきました。ですが、弥生時代の遺跡から朝鮮半島にはない中国固有の米のＤＮＡが検出されるなど、近年は中国大陸から日本に直接入ったと考える人も増えています。

いずれにしろ、中国の南のほうではじまった稲作が日本にもたらされ、西日本から東日本へ広がっていきました。

ではいったい、日本最古とされる田んぼはどんな姿なのでしょうか。

佐賀県唐津市の「菜畑遺跡」にその答えはあります。百聞は一見にしかずとばかりに早速出かけました。ＪＲ唐津駅から桜並木の一本道を一五分ほど歩くと、T字路の先に高床式倉庫をイメージした資料館が見えてきます。

ここで発掘された遺跡によって、縄文時代晩期にすでに日本で米づくりが行わ

佐賀県唐津市の「菜畑遺跡」。約2600年前の日本最古の水田跡とされる

れていたことがわかり、日本最古の稲作の跡として、「菜畑遺跡」は知られるようになりました。

一九八〇年の発見でした。道路工事にあわせて調査が行われた際に見つかったのです。調査は、ほんの一区画だけでしたが、どんどん掘り下げていくと、縄文時代晩期に稲作をしていた跡が出てきました。年代にして、今から約二六〇〇年前のものだといいます。

しかもそこでは水稲だけでなく、畑でもつくれる陸稲や粟、大麦、ソバ、小豆、シソ、ゴボウ、メロンなどの畑作も行っていたことがわかったというのです。さらに、ブタの飼育まで。

また、水田の水口には祭壇があり、そこに下あごを棒で貫かれた三匹のブタが供えられていました。自然は大きな脅威であり、日本人はそこに神々を見いだし、豊作や暮らしの安定を祈り続けたのです。

そして近くの川から簡単な溝を掘って、田んぼへ水を運び入れていました。水路の壁に杭を打って補強していたそうです。その先に小さくて丸っこい水田が細い水路でつながり、列をなしていました。

田んぼの一辺は、長さ四～五メートルぐらい。一枚の田んぼの大きさはだいたい二〇平方メートルです。今、その田んぼが復元され、地域の子どもたちが古代米づくりをしています。

「復元」というので、本物の遺跡で米づくりができるのか気になって、資料館の学芸員に尋ねてみました。すると、実際の田んぼの跡は施設の向かいの道路の下、地下四～六メートルにあるとのこと。今、子どもたちがお米をつくっているのは、同じような姿形のものを遺跡に近い場所で「再現」しているのだとか。本物の貴重な水田跡は、未来の人たちのためにも壊さないよう、ていねいに盛り土がなされ、再び地下深くで眠っているのだそうです。

この小さくて、水をためやすい水田の形は、縄文時代の晩期から弥生時代、そして古墳時代まで続いていきました。

「八町八反アゼナシ」

見島に話を戻しましょう。見島の東南端の「八町八反」を中心とした十数ヘクタールの一大水田エリアは、島の山と海に囲まれたぽっかりとした空間です。もともとは、ここは入り海だったようです。現在も海岸は遠浅で丸い石の浜が長く続きます。

八町八反の海側（南側）には、小さな高見山（高さ二七メートル）があります。高見山は江戸時代の史料に「古城と申す」と出てくる場所です。もともとは小さな島だった高見山が長い年月で東側にある晩台山（高さ五八メートル）とつながり、橋立

八町八反の向こうに海が見える。海の手前にあるのがジーコンボ古墳群

のような自然堤防ができあがっています。ちょうどここに石を積んでできた国指定史跡のジーコンボ古墳群があります。

そして入り海は閉じ込められ、ここ一帯の低地が沼のような潟となったと考えられています。そこを人間が農地にしたのです。

海とは反対の、八町八反の北側に目を移すと、高さ一四八メートルの瀬高山があり、西は、高さ六〇メートルほどの小さな丘が立ち上がり、後ろの山へとつながっています。

こうした空間に開かれた八町八反ですが、何より田んぼの一枚一枚が四角く長

いのが、八町八反の特徴です。「八町八反アゼナシダ」と昔から見島では言います。「一枚が大きくて、あぜがない広い田」という意味で知られ、別名「広見」とも呼ばれていました。

まるで現代のほ場整備（田んぼを大きくして、水に困らないよう工事をすること）済みの田んぼのようです。まっすぐに伸びた直線と直角を持つ四角い田んぼです。

昭和一三年生まれの左野忠良さんはこんな話をしてくれました。「『わらじと田んぼ換えようか』ゆうくらい八町八反は良くない土地じゃった。わらじと交換するぐらいの価値じゃゆうことやの。そう明治生まれのじいちゃんがゆうてたなあ。昔から『八町八反アゼナシダ』とか『八町八反アゼナシタ』ってゆうなあ。水害でつかって、一面が水に埋まる田んぼやからね。水面から稲の穂だけが見えたり……。

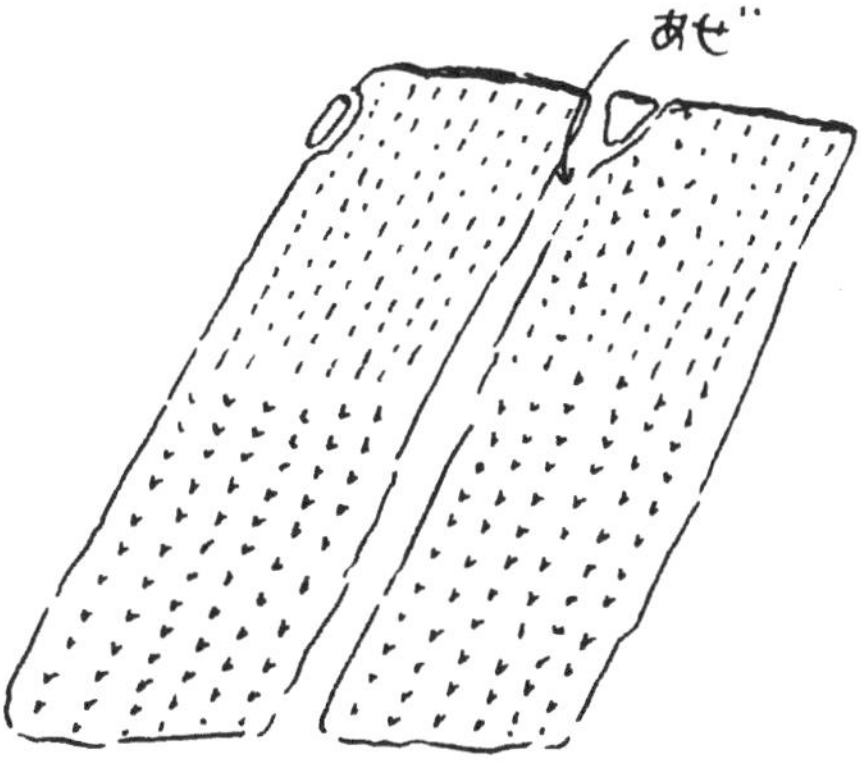

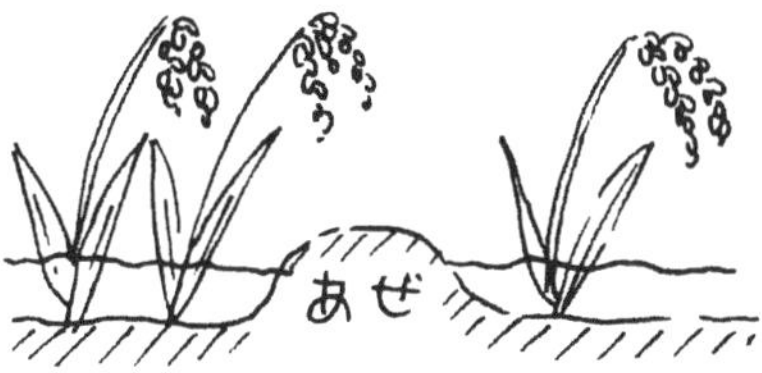

昭和五〇年代よ。昼、干ばつ対策の集まりに出とったら、ぽつぽつ雨が降り出して、それがどんどん大雨になって、その夜に急きょ水害対策の集まりになった年もあったねぇ。その代わり水が引くのは早いよ。海岸に近いし砂地だからね」
砂地で水持ちが悪いという一方で、ここは大雨が降ると大洪水になったというのです。台風や梅雨時期など雨が降り続くと八町八反は、浜にかけて水浸しになり、一枚の巨大湖のようになりました。これが克服できたのは、二〇〇二年。洪水防止の役目も持つ見島ダムができて、水浸しになることはなくなりました。
　そもそも沼のような土地です。
「八町八反の奥のほうは沼のよう。機械が重いから沈没する」とも聞きました。

八町八反では、土を盛ってあぜをつくるのもむずかしかったといいます。今も、八町八反のあぜは低く、まるで溶け出してしまいそうです。あぜを補強するシートが今でこそ活用されていますが、以前は何度もあぜぬりを行い、上からわら束を敷き詰めておおい、それが風で飛ばされないよう泥を三〇センチメートル間隔で乗せたといいます。島内では今もこの方法であぜづくりをしている田もあります。みんな毎年この作業を積み重ねてきたのです。

金谷規矩夫さん(昭和七年生)はこう話します。

「八町八反は砂地で、田んぼの下は掘っても掘っても地盤がない。だから、池の石垣を積もうにも砂上の楼閣よ。砂と一緒に石が押し出されて崩れてくるど。マツの生木をぐるっとすき間なく打ち込んで、その上に石垣を組まんと池はつくれん。マツの生木は水につかると腐らん。マツの丸太は、直径二〇センチメートルぐらいじゃろ。長さは二メートルぐらいかのう。昔は人力じゃからな。生マツは重いしのう。人が扱える大きさでないと。

ポンプが出てきて、池を大きくするためにみんな直してたが、それだって七〜

八人おらんとできん。最低でも数人じゃ」

池の土台すべてに杭を打ちこんで石垣を組まねば、池がつくれなかったのです。おびただしい数の池すべてに……。想像を絶する労力がつぎ込まれているのではないでしょうか。

ザル田ならではの苦悩

「雨がないと、夏は毎日水かえ（水くみ）。水がどんどん地中にしみます。でもまた、一晩経つと池に戻ってくるから水はある。昔はしょっちゅう、田んぼに出向いて水かえするものだから、わらじが何足もいりよったそうです」

そう話すのは天賀保義さんです。八町八反の田は砂地でザルのように水が抜けていくというのです。先の左野さんも教えてくれます。

「毎日朝晩、田んぼで水やり。水は、朝やると夜にはしみ出して、池に集まってくる。夜、水をやると、明くる朝にはたまっている。ひどいときは池の水がなくなってしまうけどの。

ここは海抜が低い。だから、水位が高い。大昔は海だったんだから。下は砂地で大きなハマグリをはじめ二枚貝、巻き貝やニナのような丸い貝も出てきますよ。今も。とくにトラクターを入れるようになって、深くまで掘り返しているしね」

金谷さんもこう言います。

「梅雨が明けて雨がぜんぜんないときは、『水かえたご』かいても（くんでも）すぐに水が池からなくなる。そうなると、一反も二反もやりきれんから夏は荒らしよった。そうなると田んぼにヒエが生えて、放牧場のようやった。

池は小さいからの、三〇～四〇分も水かいたら池が空になる。一晩、待たないけん。砂地じゃけんの。貝砂じゃから石の砂と違って目が小さい。砂粒が平べったいのよ。一メートル掘るといろんな貝が出てくるところ。そういう土じゃから水はすぐ池に返ってくる。そして毎日、水かえにゃあ（水くみしなければ）、水持ちが悪いわけ。朝から日が落ちるまで水かえじゃったなあ」

つまり、小さなため池を田んぼの一角につくることは、ザルのような田から抜け出ていった水を再び池に集める知恵でもあったのです。砂地ゆえの知恵なのです。こうして、限られた水を繰り返し繰り返し利用してきたのです。おびただしい数の池が、少ない水を繰り返しキャッチし、ここでの稲作を可能にしてきました。見事な知恵です。

これが田んぼの角にため池を設けた理由だったと納得がいきました。金谷さんによくよく聞いていくと、

「戦前、池は今の半分くらいの大きさじゃったな。それがポンプなど機械になってきたら、四〜五年に一度は池を大きくしてたなあ。三度も四度も大きくしてたな。

昔はすべて人間がくみ出すんやから、たとえ池を大きくしたところで、くみ出しきらん。人間の力には限界がある。じゃから昔は、八町八反の田んぼぜんぶに稲が植わっちょることはなかった。水が足りんのじゃから。水がないと、全部田んぼにするのはあきらめてな。『横手を取る』といって、あぜを横につくってわざと田んぼを小さくしていた。そうしないと全部がだめになる。

雨がある年は全部田んぼになっちょったけどの。八町八反は広いけど、半分ぐらいしか田んぼになりよらんかったど」

その昔、秋に黄金色の稲穂をつけることができたのは、八町八反の半分程度……。水だけでなく、増えるヒエなど草との闘いもあったでしょう。「人間の力には限界がある」。金谷さんのその言葉にどきりとしました。大きな池にせず小さな池にした理由はここにもあるのでしょう。見島の人は、島の自然の中で人力の〝限界ライン〟をつねに見極めてきたのかもしれません。

そして、池の水の源は天水。雨頼みです。ですから、見島では神社やお寺、観音堂などで雨乞いの祈りも熱心に続けられてきました。

中家勲さんが今も続く雨乞いを教えてくれます。

「毎年、神社や観音堂で雨乞いは必ずします。六月から七月にかけて、みんなで太鼓をたたいて祈祷します。二〇分ほどご祈祷を上げたら、休憩してもう一回祈祷。台風シーズンになれば、雨が降るので大丈夫ですが、それまでは祈ります」

実際、雨が降るというのです。

「祈祷が終わると風が吹きはじめたりして、大雨が来るときもあるんです。干ばつがひどい年は二回したりもしますが、毎年一回は必ず行います。台風の季節は風除けの祈祷をしますしね」

ここでは四回、代かきします

「見島は棚田も八町八反もどの田んぼでも、水持ちをよくするため、何回も代かきをして、田んぼの中に水をためるんですよ。山手の、ぼくのほうでは三回ですね」

と弘中保貴さんが言います。

八町八反は「四回」もの代かきです。「代かき」とは、水田での米づくりでは欠かせない農作業の一つ。水を入れ、田の土を練るのです。田の土にたっぷり酸素を送り込み、土の粒を細かくします。こうすると土がより密着し、田んぼの底からの水漏れを防ぐことができるのです。現在は、トラクターでの作業ですが、かつては牛と犂を使って人力で四回も行っていました。

ちなみにため池づくりも同じです。池の底から水漏れしないよう、まずこの作業がすべての池で行われているはずです。

天賀さんに、農作業について今一度聞いてみました。

「三月になるとすぐ、田んぼを起こします。まずは『あら』。荒おこしです。水も入れます。これが一回目です。そして、一日か二日ほどして『ひきかえし』。二回目の代かきです。

そこから一週間ぐらい置き、『みたび』。三回目の代かきです。また一週間ぐらい置く。そしてようやく四回目。見島ではこれを『しろ』と言いますが、この四回を終えて田植えです」

何度も代かきをするのは、水をもたせるためです。土を何度もどろどろにし、田んぼの中に水を蓄えさせていくのです。島中がすべてこうやって田んぼの水をもたせます。

「何より、水がもれない田んぼをつくるのが大事なんです」

こうした農作業の知恵も見島では昔からのもの。そして、手で田植えをしていた頃は、代かきをしたあと、二〜三日のうちに田植えをしていたといいます。

「砂地ですから代かき後、しばらく置いておくと田の土がかたくしまって、手が痛くなるんです。ですから、やおい（柔らかい）うちに田植えをしていました。今は逆に、土がやおいと田植機が沈んでしまうので、かたくするまで、一週間ぐらい置いていているんですよ」

稲刈り後も水は入れないものの、「秋田おこし」をしておくそうです。こうして冬を越すのです。

かつては、冬場に麦もつくりました。裏作です。戦時中の記憶として、排水を良くするための手立てを打ったら、八町八反でおいしい麦が取れたと聞くこともできました。

そして以前は「ごみあげ」と呼ばれる作業も行っていました。池の中の泥を出したのです。これも田んぼの土にしました。そして、春には浜に出て「藻ひろい」をして、田んぼに「藻からい」をします。これは、海岸で海草を採り、田んぼに肥料として入れるのです。

何代もの人たちが、良い田になるよう田んぼの土づくりにもはげんできました。

働き者の見島牛

牛と働いた話を昭和一六年生まれの女性がしてくれました。

「一七歳で嫁に来た昭和三〇年頃は、八町八反の農道も狭いあぜ道で、牛引っ張るの怖ろしかったですよ。何しろ道が細いの。三尺（九〇センチメートル）もないの。すぐ横に池もあったし。牛が落ちそうで怖ろしくて怖ろしくて。八町八反は

強い風が吹き抜けるでしょう。風で飛ばされそうで。牛も自分も」

牛のことをよく覚えていたのは、昭和一桁世代、金谷さんでした。

「牛が荷物を運ぶんじゃけど、重量があるイモやもみはええが、荷物が軽いとたいへんじゃった。わらは、牛の背をまたいで三束ずつ振り分けて、全部で六束のせるんじゃが、風が強いと、しょったわら束が風にあおられて、牛がバランスを崩して池に落ちる。わらは牛のエサよ。

見島牛は小さいゆうけどの、軽くても二〇〇キロはある。それでも風にあおられる。正面から吹く風には四つ足じゃからふんばって強い。横から強い風が吹くと簡単に横にいく。周りに池が多いじゃろ。池に何頭も落ちたよ。牛は自分では上がれん。近所の人呼んでみんなして綱で引っ張り上げた。

見島牛は優しいんよ。ようゆうこと聞いたのう。『ボー』(右に行け)とか『ジョー』(左に行け)とかゆうて動かした。止まれは『マーマー』。子どもの頃、『カブラセ』したよ。山へ連れていって草を喰わすこと見島ではそう言うぞ。糞も堆肥になるから牛は役立った。どの家でも二頭、多いと四~五頭おりよった。牛は大事な家族みたいなもんよ。亡くなったら埋めよったなあ。誰一人として一緒に働く牛を食べることはなかったね」

昭和四七(一九七二)年を最後に、見島で牛を農耕に使うことはなくなりました。実は、見島牛は農耕牛として重宝しただけでなく、「日本で最も古いタイプの和牛」として、昭和三(一九二八)年に国の天然記念物に指定されています。

見島牛のルーツは、大陸。インド牛を代表するゼブ系の牛と、ヨーロッパ系のタウルス牛が中国の北部辺りで混血したものと考えられています。それが稲作の伝来とともに日本に入ってきたと推測され、見島牛はその頃の姿のままというの

放牧中の見島牛。日本固有の牛として天然記念物になっている

です。

見島牛は、本土の和牛よりも小柄で体高はメス約一・二メートル。オス約一・三メートル。力は強く、強健で病気にも強いといいます。戦後間もない頃までは約六〇〇頭いましたが、農耕で使われなくなると、一時は三〇頭にまで減り、まさに絶滅しかかったのです。一九六七年、見島牛保存会が発足。現在は約一〇〇頭近くまで復活していますが、少ない数からの復活は血筋が近いため、なかなか増えていかないのが現状です。

東京農業大学（生物資源ゲノム解析センター）が二〇一三年八月に見島牛の最新情報を公表しました。見出しは「天然記念物である日本在来牛『見島ウシ』の全ゲノムを解読」。見島牛の遺伝子の情報が明らかになったのです。その結果、はっきりと「日本固有の牛」とわかったとあります。そして、同じように日本の在来牛という、鹿児島県口之島に生息する「口之島牛」と近いということもわかりました。

このまま（まで）では、田んぼをつくる人がいなくなる!?

みんなが代々がんばって耕してきた田んぼですが、現在、耕作放棄という現実が迫ってきています。

「八町八反も、もう半分ぐらいが耕作してないですね。地域で、全体の草刈りだけはしますけれど」

そう話すのは七〇歳代の中家さんです。周囲の農家から耕作を頼まれないのかたずねました。

「いやあ、できんできん。勤めの人に頼むにも、ここの田んぼはたいへんで、兼業でもなかなかできんですよ。上から落とす水が八町八反にはないですからね。今はポンプで水あげするといっても、下から上へと水をあげるのには、電気代もかかりますから」

「耕作放棄」とよく言われますが、あちこちの農村を取材していると「放棄したくてしているわけじゃない。断念せざるを得ないんだ」と耳にします。見島にも

島を歩くと、あちこちに耕作放棄された田んぼがある

そんな状況が出てきています。元気なうちは田んぼ仕事をしますが、病気や高齢で田んぼをやめざるを得ないのです。

次の代を継ぐ人は、都市に出て、家を買うなど新しい場所での暮らしが定着し、地元には帰ってこないのです。全国的には、定年退職後に戻って田畑を耕す人がいたり、Iターンといって都市で育った人が農村のファンとなり、住み着く人もいます。また「じいちゃんの田んぼは、孫のおれが耕す」と一度、休耕田になっていた田んぼを耕す若者も出てきています。

見島でもハウスでのキュウリ栽培など、

農家はさまざまな挑戦をしています。けれども、荒れはじめている八町八反を引き継ぐ新しい風はまだ吹いてこないのが現状です。年々、見島の田んぼを耕作する人は減っています。現在、八町八反一帯の田園エリアの耕作者は、かつての半分以下の一四～一五軒ほど。みなさんがこう言います。

「五年先があやういですよ。一〇年持つかなあ」

あと一〇年もすれば、耕作する人がいなくなるというのです。

八町八反での農作業はたいへんでしたが、一〇アール当たり一〇俵取れるなど収量は良く、頼りにされてきた農地でした。けれど、お米の値段がぐっと下がってしまい、若い人に「残って農業しろ」なんて言えないというのです。見島全体が同じ状況です。

今、島の中学生は六人。小学生も六人です。その中には見島にある自衛隊基地勤務関係の子どもたちもいます。

「島には高校がないし、通えないですから、高校生になるとみんな島の外へ出るんです。そうすると、帰ってこないですし、仕事もないので、親も帰ってこいとは言えないんです」

そんな風に見島の人は話します。

田んぼが荒れはじめた今、土地に刻まれたメッセージを少しでも読み取れたならば、荒らさずにすむ道が見えてくるとわたしは考えています。三角ため池群だけでもめずらしく、価値はあるのですが、さらなるメッセージは八町八反の開田の謎に隠れているはずです。いつ田んぼがつくられたのか、探らねばなりませんでした。

謎その③——八町八反開田の謎

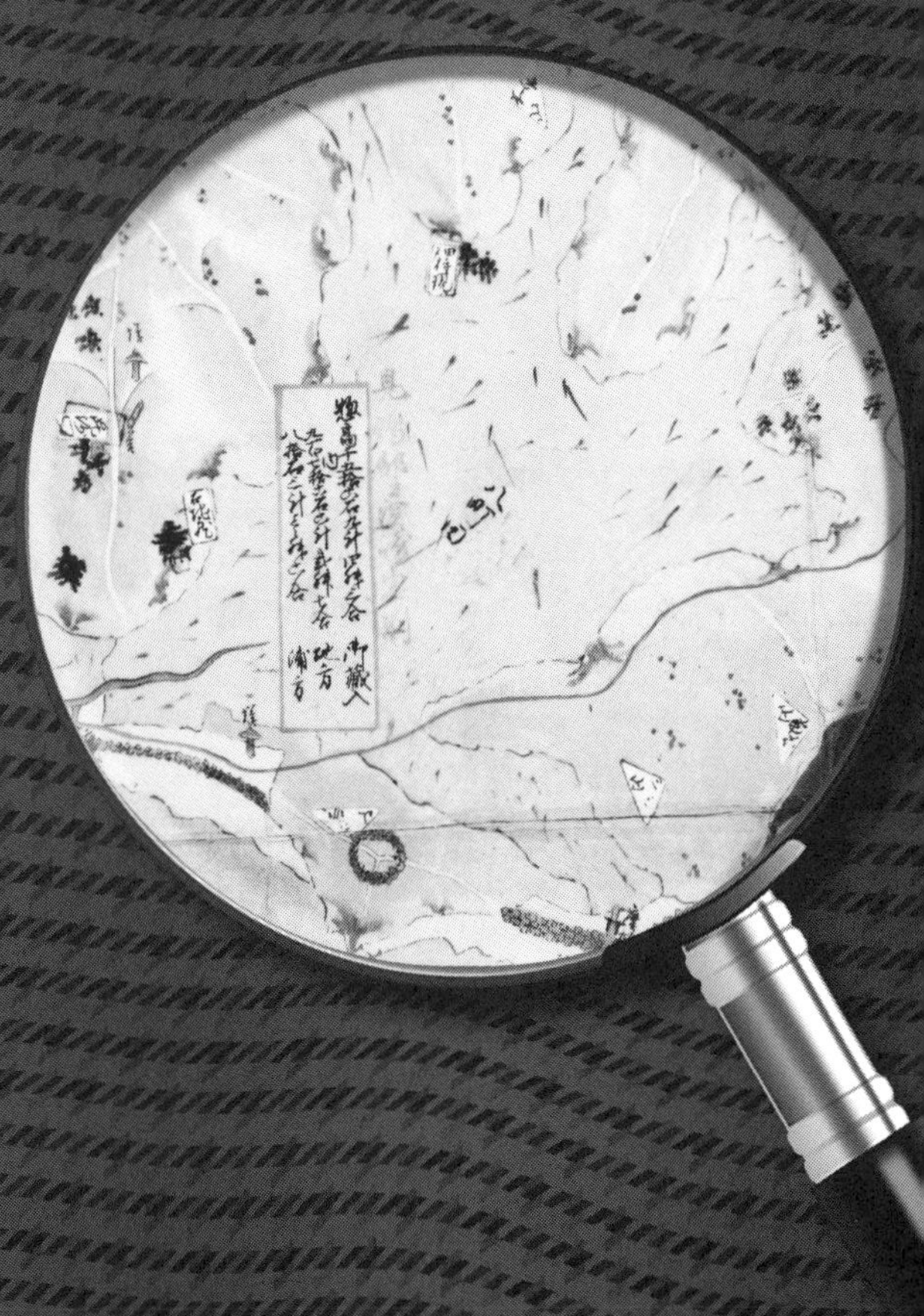

江戸時代の開田？

八町八反はいつ、つくられたものなのでしょう。海側の片尻とは、別の時期のようです。というのも田んぼの形がまったく違います。八町八反のほうが古いようですが、古文書にも残っておらず、言い伝えもなく、江戸時代に干潟を干拓したのだろうというのがもっぱらの話でした。

これまでの調査研究などを確かめてみると、江戸時代に田の面積や石高が一気に増えていることなどから、八町八反を江戸時代の干拓と見なしていました。

江戸時代中期以降に描かれた見島の絵図があります。藩の報告書、「地下上申」の絵図です。一七〇〇年代前半に作成されたと推測されています。ここに「八町田」として、八町八反が描かれていました。そして八町八反だけでなく、山のほう一帯も田んぼを表す黄色です。つまり、江戸中期以降には島中にたくさんの田んぼがあることがわかります。

山口県文書館にはこの絵図のほかに、年代不詳ながら江戸時代の絵図「阿武郡

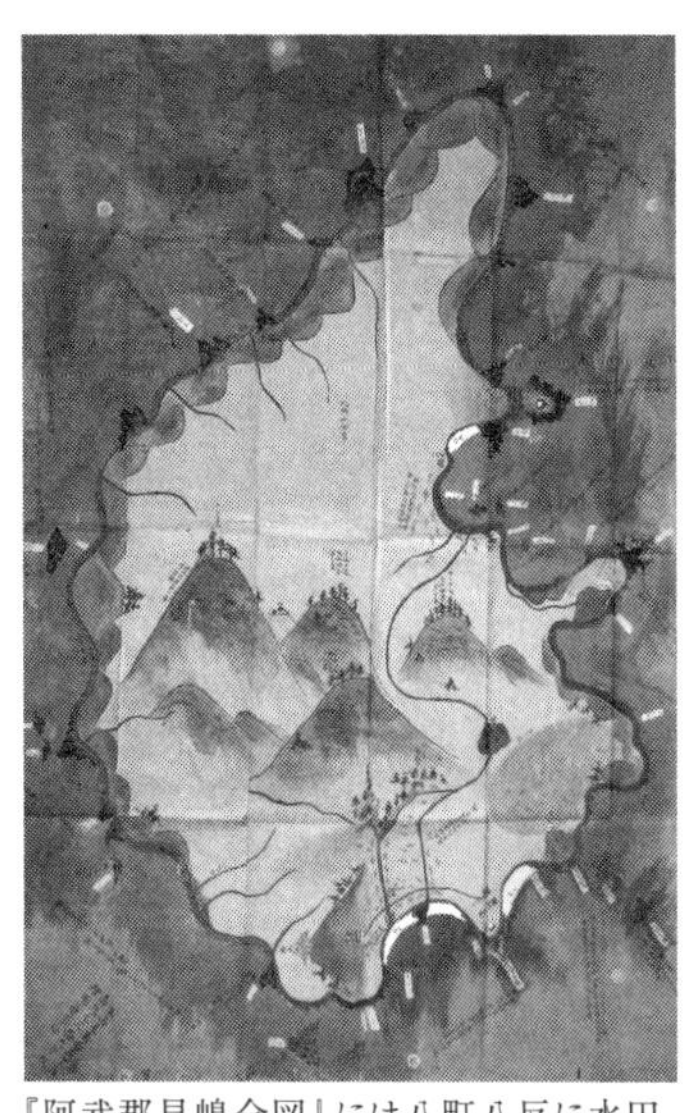

『阿武郡見嶋全図』には八町八反に水田、山には畑が描かれている（山口県文書館所蔵）

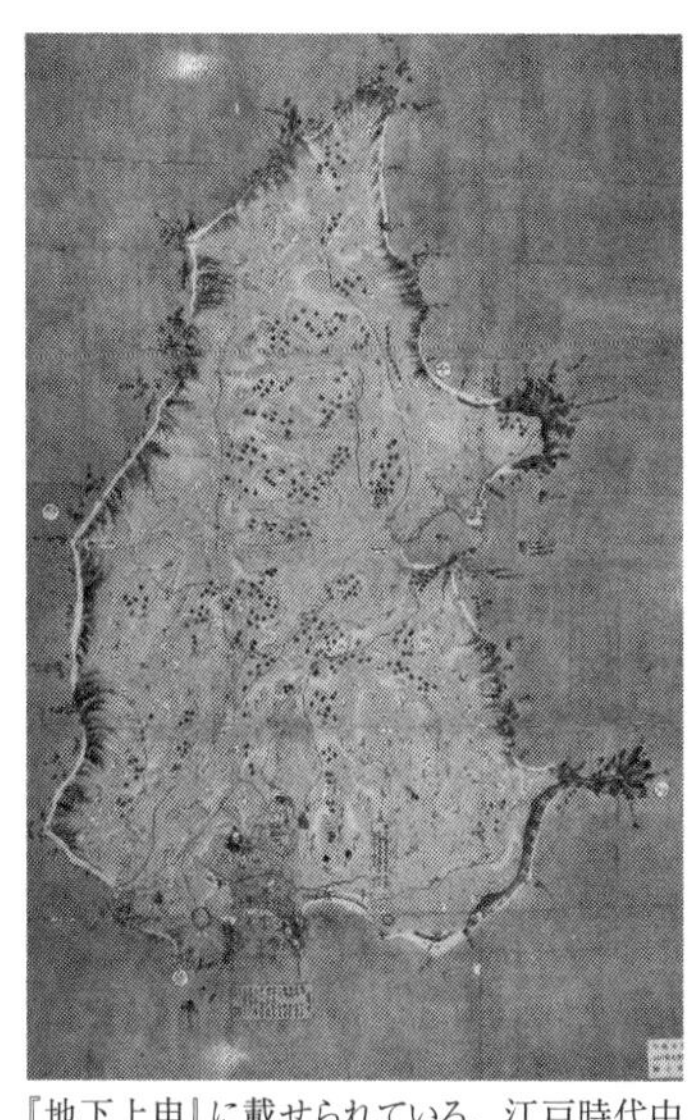

『地下上申』に載せられている、江戸時代中期の見島の絵図（山口県文書館所蔵）

見嶋全図」がありました。ちょっと形がいびつです。この絵図では、八町八反は黄色い稲穂が描かれてありますが、島の中でほぼここだけが黄色（水田）ではありませんか。山々にあるはずの棚田は、畑を意味する青緑です。しかも「畠」とはっきり書いてあります。つまり、一七〇〇年代前半に水田として描かれていた山々の斜面は、もともとは畑だったのです。

ということは、江戸時代に見島の田んぼの面積や石高が増加した理由は、山の畑をどんどん棚田に変えていった結果だったといえます。そして、八町八反は、周囲が畑だったときからすでに稲穂を実らせていたのです。

では、いったい八町八反はいつできたのでしょうか。

昭和一二（一九三七）年の民俗学者・瀬川清子による聞き書きにはこうあります。

「八町八反アゼナシダといって、三六町のヒラキ（開墾地）がある。その中央に宮があって田の持主が拝んでいるが、この田を開いた人を祀ったものだと伝えられている。（長富寅松氏）」

ここで語られている「お宮」が、開田の謎を解く鍵かもしれません。八町八反にお宮はないか昭和七年生まれの金谷規矩夫さんに聞いてみました。

「瀬畑さんちの田んぼに開拓記念碑らしいのがあるな。開拓した人の記念碑ゆうて聞いたことがある。開拓か区画整理した責任者の人を祀ったもんじゃないかな」

昭和一三年生まれの左野忠良さんにも聞きます。

「八町八反の東の端に石が残っている場所あるなあ。そこ辺りは『沖田』いいますよ。前は社か祠があったらしいけどなあ。祀られているのは、大きな石だし、

山のほうから持ってきた石じゃろ。あそこは土質が違う。段が少しばかり高くて水害にあわない。開田した人を祀っているかどうかまではわからんなあ」

さらに八町八反の耕作者、長富健さん（昭和三一年生）もいろいろ聞いてきてくれました。

「八町八反を持っちょる同級生が昔、親父から聞いたそうで、あそこは、沖田某という昔の名士の人がここを埋めてつくったらしく、石はその人をたたえる石だそうな」

この場所は、八町八反の中でも誰もが「沖田」という呼び名があると言っていました。八町八反内でほかの田んぼの呼び名は出てこないのですが、「沖田」だけはみんな知っていました。この田んぼの持ち主の瀬畑貞道さんに話を聞きたいと思ったところ、残念なことに二カ月前に亡くなっていました。そこで、奥さんの米子さんをたずねました。

米子さんは「回したご」を教えてくれた八五歳の女性です。

瀬畑さんちの田んぼにある立たない石

「一六歳で嫁に来てすぐ田んぼへ行って。でも何も知らんでしょ。田んぼの中にある平たい石の上へ上がろうとしたら、姉さんが『それは神さまよ。上がっちゃいけん』ゆうて。平たい石が神さまよ。ここの田んぼは二マチ（二枚）になっちょるから移動するとき、平たい石のとこ、またがないけんのやけど、そこは上がっちゃいけんて。

ああ、八町八反を開いた人を祀っているって主人の親の暢介から聞いてたね。主人の貞道から聞いた話では、貞道のじいさまの福男が、見島神社の宮司の手伝

いをしよって、年一回、何かお参りをしていたゆうてね。わたしは、田植え前にお魚とご飯をあげて、あと、お酒を石にさっと回してかけよった。お魚は焼いたトビウオとかね。その辺りにある葉っぱをちぎって、その上に乗せてね。その日だけよ。帰りに田んぼの中に入れておしまい。

貞道がおったときは正月にもお飾りしての。去年（二〇一五年）の暮れ貞道が亡くなったけん、やめた。田んぼもその前にやめて、お参りもしなくなった。

じいさまの福男は江戸時代生まれじゃろ。福男が、この石を高見山に持って行って移そうとしたことあるって聞いたことがあるの。でも、どうやっても横になって立てられんって。で、立てるのはやめたゆうて戻したそうよ。本当じゃろうか。大きな石ですよ。わたしは石が立ったのは見たことがない。お嫁に来たときからずっと。

あの周りの石を取ると誰かがケガするゆうて、人から聞いたねえ。神さまの石に牛が上がって糞をせんように、周りに石をぐるっと置いたゆうて暢介から聞いたけど、その石を動かしてよそ持って行ったらケガするゆうてね。でも実際にケガした人をわたしは知らんよ」

恐れ多くなっていると、弘中さんが「萩にいる瀬畑家の三男さんにも聞いてみましょう」と電話してくれました。話の内容をまとめてみます。

「一月一五日に神主だった福男さんがお参りをしていた。立てても寝る石。昔は祠があったと思うし、下に碑文があるようにも思うが定かでない。生えていたマツは昭和五二〜三年に枯れたが、そのマツに牛をつないでいた。牛が、中に入って糞をしないよう周辺に石を積んで高くしてある。わら山を島では『トシャク』というが、昔はわら山が風で飛ばないよう、縄などロープの両端に石をつないで、それを十文字にかけてトシャクの重しにしていた。その重しの石にちょうど良いと、ここの石を持ち出したら、誰かがケガをしたそうだ。瀬畑家の田んぼの中なら石を動かしても良かった。石がもとからあったかはわからないが、どの石も外に持ち出せない」。

こうした石に囲まれた瀬畑家の平たい石は、八町八反の東の端で、島のように

八町八反にある瀬畑家の謎の石。米子さんは「神さま」と教えられた

謎の石は八町八反の少し小高くなった場所にある

なった少し小高い部分の中央に鎮座していました。伸び放題となっている低木のトベラやマサキの枝を弘中さんがカマで落としてくれ、石を確認します。

平たい石の長さは、一メートル弱ほど。なんとなく一部とがっています。立てるとすれば、そこが頭になるのかもしれません。仮にそこを頭とすると、横幅は六〇～七〇センチメートルでしょうか。なんだか、むやみに触るのはどうも気が引けました。

一メートル四方もない平たい石。まだまだ謎が残りました。どこが石にお参りする正面なのでしょうか。今ではそれすらもわからない状態です。米子さんはこう言っていました。

「石を拝む人は南側（海側）から入ってきて、海のほうに背を向けたまま拝む。田んぼのほうに向かって拝むのよ」

石碑がある田んぼを歩いてみると、ここだけあぜに大きめの石がぽつんぽつんと埋め込まれています。ほかの田のあぜにはない特徴です。よく見てみると、八町八反の田んぼはどれも長く真っ直ぐな短冊のような形をしていますが、ここの田んぼは中で何枚か細かく不規則に分かれています。

かつてここは田んぼではなく、八町八反のへりの部分だったのかもしれません。昔は米をつくる田んぼの面積をより広く取りたいはずですから、田んぼの中にこうした石を祀る場所を設けることはしないでしょう。立てても立てても寝てしまう石は、田んぼの東端で、大地や自然の神々への祈りや祀りを行う場所だったのでしょうか。もしくは言い伝えのように、開拓した人を祀る場所だったのでしょうか。

八町八反は、画が大きくてまっすぐな田んぼです

まだ、八町八反開田の謎は解けていません。いつ誰がつくったのでしょう。実際に働いたのは、地元の農民たちだとしても、誰かが意図し指揮しない限り、田んぼを整然とつくることはできません。ましてやおびただしい数の池をつくるなんて。

これまで地元でもこんな大仕事ができるようになったのは、江戸時代に入ってからだろうと考えられてきました。ただ、江戸時代の藩による開田ならば財力もあり、共同ため池を高い場所につくって、水を上から下へ流し落とす方法も可能だったのではないでしょうか。

左野忠良さんがこんなことを言っていました。

「八町八反は、どの田んぼもまっすぐで同じ長さだし、面積も同じようにつくってある。測量とか土木の技術を持つ人がつくったんじゃないかって思うねえ。親父が昔、八町八反は下から（南の海側）と上から（北の山側）からつくっていったらしいと言うてました。南北のまん中の田んぼが八町八反の中で一番低いそうで、それが北と南の両方からつくっていった証拠やゆうて。しかも、そのちょうどまん中の田んぼの持ち主は、南側のあぜも北側のあぜも持ってない。隣の田んぼの人の持ち分になっとるんです」

北と南の両方から田んぼを造成しているならば、最初に全体の青写真があったのです。それを描いた人がいたということです。

八町八反では、どの田んぼも一枚が一反（約一〇アール）か二反、また三反の大きさだといいます。一番大きな一枚で三反半。

そして、どの人もこういいます。

「どれもまっすぐな四角い田んぼです。昔からこの形です。工事をして直したという話は聞いたことがないです。個人的にあぜを一本取ったりして広げているとは思いますけれど」

航空写真を見ると驚きます。八町八反はなんと整然とした田んぼでしょう。現代の区画整理の大工事が入ったような田んぼです。

明治以降、日本はまっすぐで広い田んぼに変える区画整理（耕地整理、ほ場整備）の工事を全国で行っています。けれども、こうした現代の工事は、七〇個、百個といった小さなため池を残すような工事はしないのです。田んぼの工事は、田んぼの区画だけではなく、水を効率よく得る方法や排水を同時に考えるものだからです。

いったいこのまっすぐな線は……。『萩市史』を見直してみました。すると、

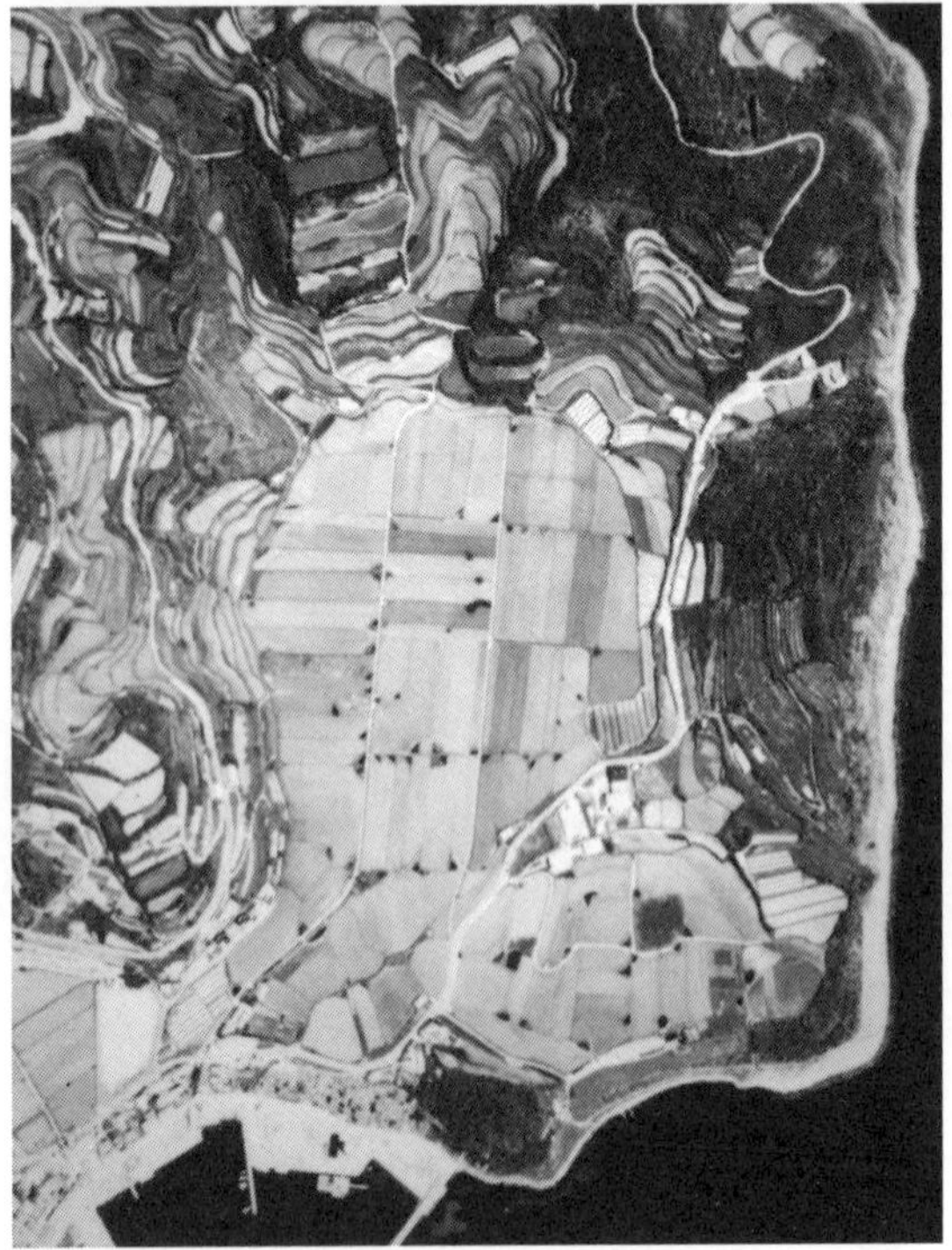

航空写真で見る
八町八反。
まるで現代の
区画整理を行った
田んぼのように
見える

（萩市見島支所所有の平成4年航空写真）

『萩市史第二巻　原始・古代の見島』の項に、

「見島の唯一の平野ともいうべき地域は『八丁八反』であるが、この地域は条里遺構の残ることから、島で最も早く本格的に開発された地域であることが分かる」とあります。

「条里遺構」！　まさか！　なんとぼんやりしていたのでしょう。

八町八反は条里の田んぼ？

古代に「条里」という、中央政府が定めたまっすぐな形の田んぼを日本中の平野につくった時代がありました。その話は、一三〇〇年以上前の七～八世紀頃にさかのぼります。大化の改新後、七世紀に新しく立ち上がった中央政府が打ち出し、日本全国でその形に従って大地が大改造されていきました。

東西南北の正方位にそって、平野を碁盤の目のように四角くくぎり、町や田んぼがつくられました。これを「条里制」というのです。碁盤目の南北（縦）を「条」、

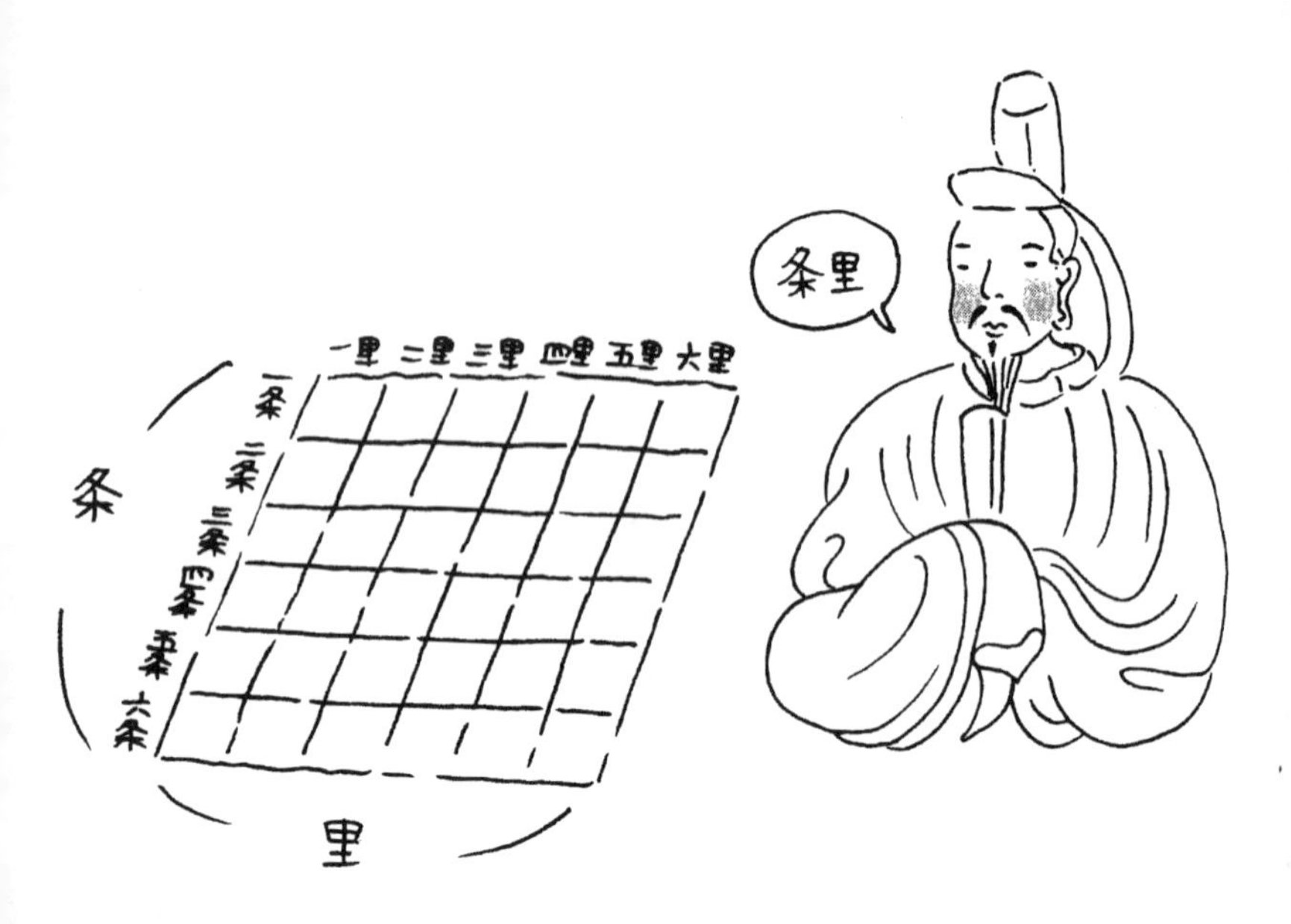

東西(横)の線を「里」というところから、「条里」といわれています。

日本海の荒波の向こうにある見島に条里? 八町八反が条里? 小さな離島に残っているとは、不思議な感覚です。「条里制」とは、大平野の話だとばかり思ってきました。本当に「八町八反」が条里ならば、相当古い歴史を持つことになります。現代の田んぼの工事が行われていない見島ですから、千年以上前の姿をそのまま残している可能性はかなり高いはずです。

実は、碁盤目のような条里に基づいてつくられた田んぼは、日本中でたくさん見受けられました。けれども街になってしまったり、明治時代以降、田んぼの整備がどんどん進み、枠組みはそのまま生かされてはいても、田んぼ一枚がずいぶん広くなるなど、古い姿や昔ながらのかんがい方法はなくなってきました。

そして、この条里制による田んぼづくりが、いつ施されたのか、その期間はとても幅を持って考えられています。条里制は、七世紀後半から中央政府が広めていった田んぼスタイルですが、その前の時代からあったとも、また後の時代にも管理に都合が良く、しばらく続いたと考えられているのです。それでも、おおよそ千年前の話。古ければ、一三〇〇年前につくられた貴重な田んぼということになります。

しかも、小さな離島に条里が施された理由があるはず。そうなると、その時代の面影を残すたいへん貴重な歴史的財産です。見島を少し離れて、確認の旅がはじまりました。

まず、萩市史が元にしたであろう調査論文を探し出しました。確かめると山口県内の条里の跡は、小規模なものが多く、四四カ所あるとまとめられていました

（三浦肇一九八一年）。その中の一つが見島。この研究によると、見島の条里は、高さが二〜二・五メートルにつくられているとあります。高さとは海抜。海抜二メートルということ。この数字だけでここが干拓地ではないことが見て取れました。

干拓地ではない八町八反

干拓地とは、人がもともと海だったところを干して土地にしたところを指します。これは、潮が引いたときに、干潟に海水が入ってこないよう人工の堤防（「樋門」）をつくって囲うことからはじまります。こうして海を陸地に変えていくのです。人は、このようにして干潟を利用してきました。

つまり、干潟を干拓したのであれば、海抜ゼロメートル。八町八反の海抜は、改めて見島支所で調べてもらうと一・八〜一・九メートル。やはり、干拓されたものではないのです。干拓の技術は鎌倉時代にはあったといいますが、日本中で広く行われたのは戦国時代から江戸時代。人工の堤防をつくり樋門を設け、その手前の調整池にたまった水を海へ排出する技術が干拓を可能にさせました。

樋門は、満潮のときには扉を閉じ、干潮のときに開き、干拓地の中の排水を海へ流し出す役目を果たします。こうした樋門を使っての排水技術がなければ、干拓地は誕生しないのです。

江戸時代、萩藩（現在の山口県）は、この干拓の技術に長け、瀬戸内海側の干潟を干拓し続け、広大な農地を生み出したところでもあります。一六〇〇年の関ヶ原の戦いで敗れ、窮地に追い込まれた毛利家は、財政難を脱するために、海岸線に耕地を求めたのでした。

ちなみに、山口県の山口湾一帯だけでも干拓は一四〇八年からはじまり、一九六四年の最後の干拓までの数百年のあいだに約一〇〇〇ヘクタールもの農地を誕生させているほどです。

ですから見島も、萩のお城が海をはさんですぐと近いこともあり、江戸時代の干拓と見られがちだったのかもしれません。けれど、八町八反は海抜が二メートル近くあり、自然に土砂が堆積し陸地になった場所なのです。

やはり「条里」の形にこだわって、開田の謎を探るべきです。道は絞られてきました。

条里とは何？

「条里」とは何でしょう。ここでは田んぼの話に絞ります。先にも書きましたが、東西南北の正方位で碁盤目のように真四角のブロックを大地につくっていった時代が日本にはあります。日本最初の田んぼの区画整理です。日本中の平野でまっすぐで整然とした短冊型の田んぼが生まれました。

今でこそ、直線で広い田んぼはあたりまえですが、千年以上前、まっすぐで直角を持つ大きな田んぼは驚くべき形でした。それまでは菜畑遺跡のような丸っこい小さな田んぼばかりだったのですから。

舞台は七世紀後半の日本。古墳時代に豪族の力が強くなった日本を建て直すべ

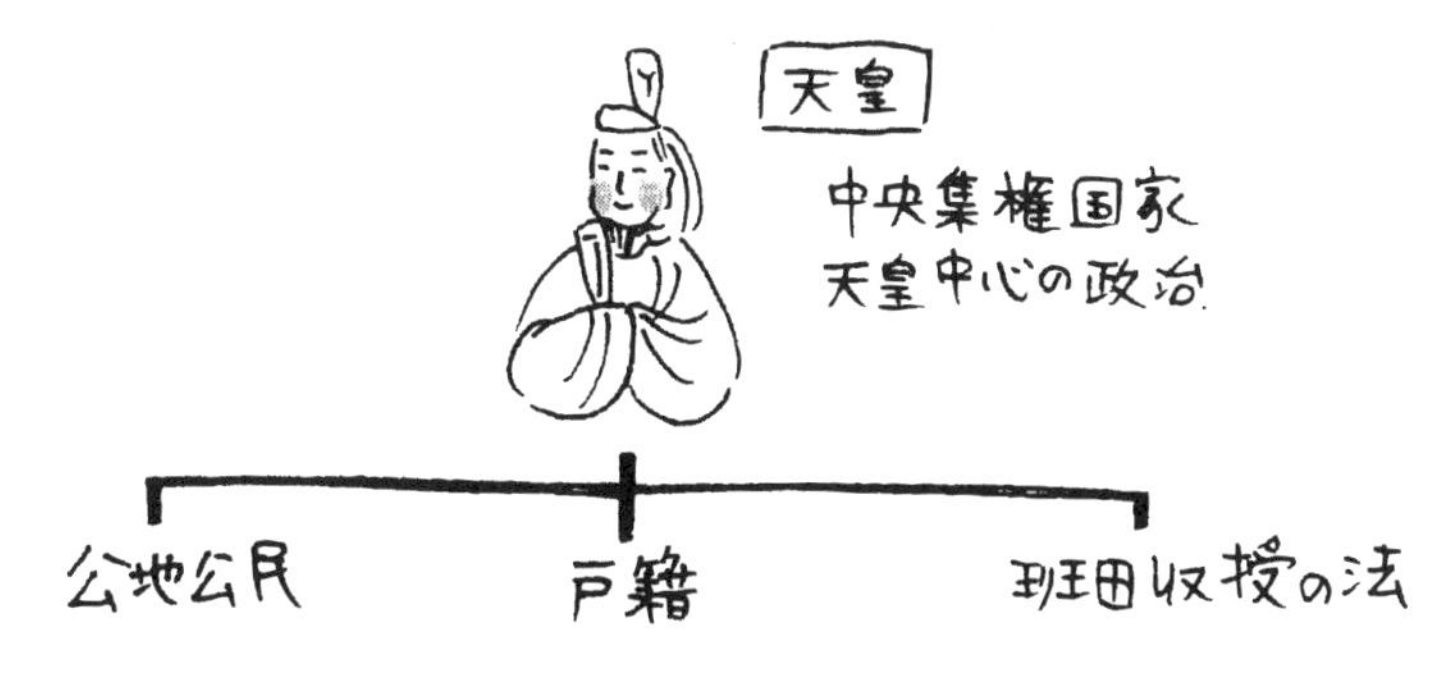

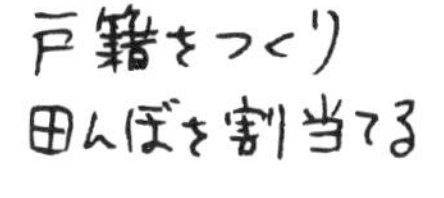

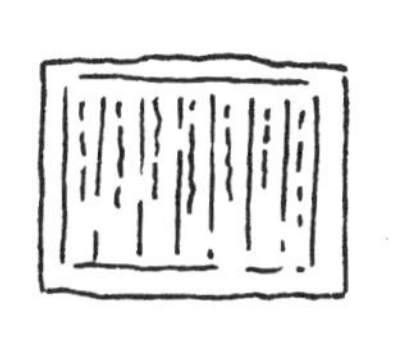

く、法律（律令）を軸にした強い国家をつくろうと、律令政権が立ち上がりました。

その律令国家の柱の一つに、土地も人もすべて中央政府が所有し、地方も管理する仕組みが取り入れられました（公地公民）。そのため、田んぼを短冊型の同じサイズにつくり替え、管理しやすいようにしたのです。当時、新たにつくられた戸籍に基づき、一人ひとりに決まった大きさの土地を与え（班田収授）、税を取る仕組みができたのです。

国としては駆け出しだった日本は、土地をつくり替え、管理することで強い中央集権国家を目指しました。これは当時、

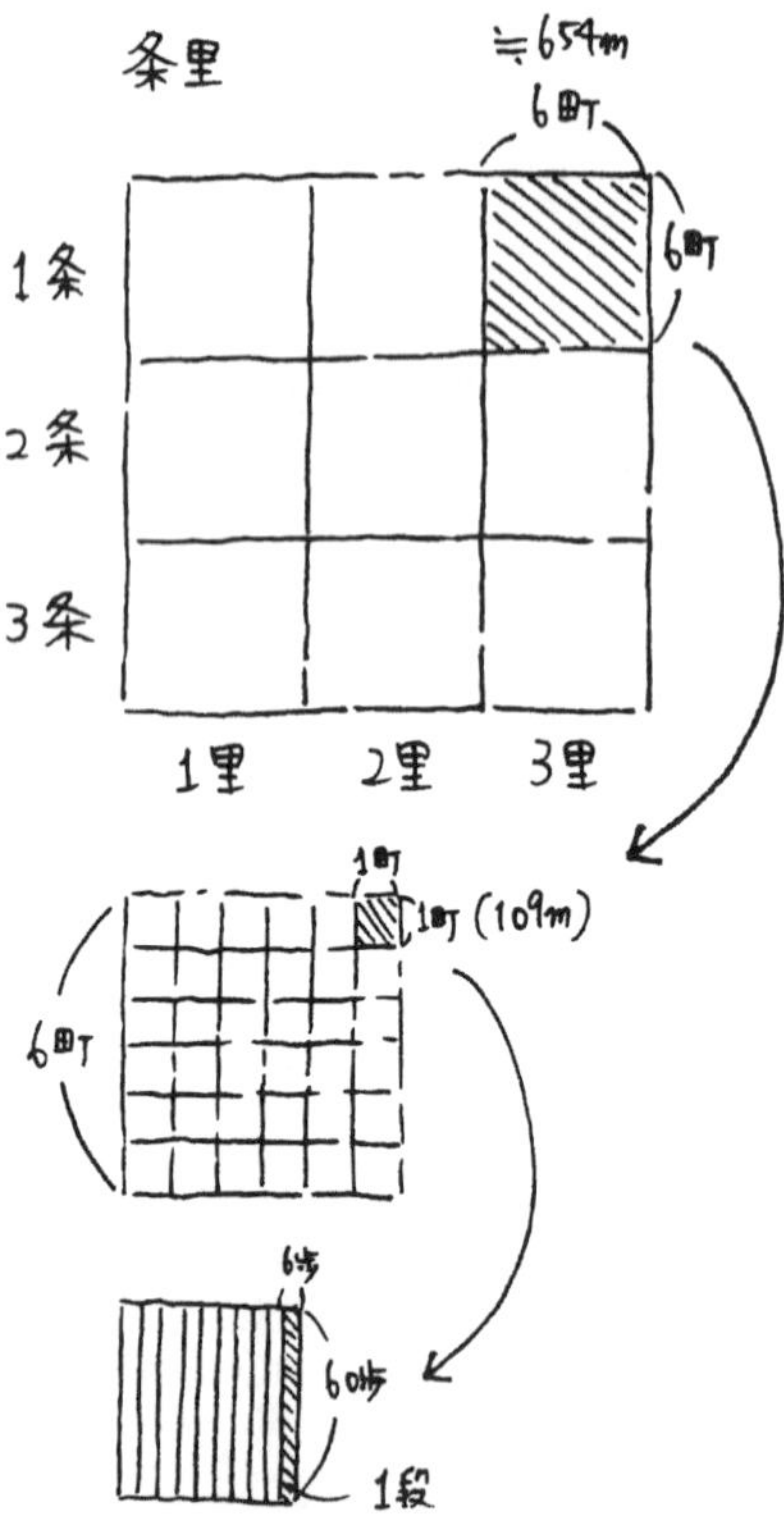

文明が進んだ大陸の国、唐をまねたものでした。
　その結果、日本中に同じサイズの正方形ブロック模様が大地に並んでいきました。この正方形ブロックを専門用語では「一町方格」といいます。この広さ、大きさが決まっているのが「条里」の特徴です。実際は多少のずれはあるのですが、ほぼこうしたサイズが見て取れるといいます。その正方形ブロックの一辺の長さは、約一〇九メートル。
　そして正方形のブロックの中は、基本一〇枚の長い田んぼに分けられました。「長地型」といいます。長さ一〇九メートルの短冊型をした田んぼが一〇枚。
　田んぼの中で一〇〇メートル走の直線コースが取れるほど長い田んぼが、千年以上前に日本中でつくられはじめたのです。一枚の面積は一反（約一〇アール）。正方形の中に一〇枚入って、ちょうど一町歩（約一ヘクタール）。

八町八反の田んぼも、田んぼ一枚の大きさは基本、一反（約一〇アール）です。実は、田んぼ一枚が一反の広さとは、かなり大胆な設定です。その昔、田んぼ一枚を大きくするのは無謀なこと。何しろ一枚の田んぼの中で、ためる水の深さに差が出てしまったら、稲がうまく育たないのです。地面が水平になっていないと、水が低い方にかたよってしまいます。つまり、田んぼを大きくするということは、広い面積の中でも土地を水平にする技術が必要なのです。

それでも古代、日本中でわざわざ田んぼ一枚が一反（約一〇アール）という大きな区画の田んぼを誕生させました。長さ約一〇九メートルの短冊型の田んぼが一〇枚、正方形ブロックの中に収まり、整然と並んでいるのです。中央政府はこの「条里地割」の田んぼをつくるよう打ち出しました。

けれども、この田んぼの工事記録が史料に残されることはありませんでした。そのため、今もって条里制の田んぼはつくられた年代がはっきりしないのです。

こんな工事ができる技術者は？

それにしても見島に条里の区画をした田んぼをつくる状況があったのでしょうか。条里の工事ができる技術者が、都からかどこからか、わざわざ離島にまで来たのでしょうか。

条里の田んぼづくりは、人手も技術も必要です。水をどう確保するか難題を解き、実行に移さねばなりません。財力や牛馬、農具なども必要です。方位を測ったり直角を取るなど青写真を綿密に描き、計画を立てて進められたはずです。

条里の開拓にかかる労力、つまり人手を計算した資料があります。大まかにとらえると、土地の傾斜がゆるやかなところで一つの正方形ブロック（一町方格）を仕上げるのに約四〇〇～五〇〇人分の人手がかかるとされています。

八町八反で当初、仮に九町（九ヘクタール）の田んぼをつくったならば、三六〇〇～四五〇〇人の働き手を必要とする計算になります。冬場の五カ月間での作業だったとすれば、一日約三〇人が休日なしで働かねばなりません。もし、三カ月で仕上げるならば、約五〇人は必要です。

そして忘れてはなりません。ここは砂地で、沼のような八町八反。そこに三角ため池が六〇個以上。しかもその壁は石垣。マツ杭をつくり、打ち込まねばなりません。さらに、あぜは固まりづらく、ゆるゆる。八町八反を田んぼに変える作業は、ほかの地域の水田づくりとは比べものにならないくらい時間を要し、重労働だったはずです。

律令制では、国（地方役所）に収める税の一つに成人男性は労役（「雑徭」）が年間六〇日以内と定められていました。ですから、その当時（一〇世紀頃まで）であれば、労役の任務を果たすために短期間、見島に来る人を確保できた可能性があります。

天賀保義さんがこんなことを言っていました。

「大正生まれの親父が昔、池をつくろうと深く地面を掘ったら、下は砂地で、そこにたき火の跡があったそうです」

これは、八町八反の西北側の、だんかざりが連なるへりの部分の話です。池ですから二メートル以上地下でしょうか。現在そこは、排水路と車道ができ、その池はなくなっています。けれど、へり部分の田んぼの下に、いつの時代のものか不明ながらも、確かに誰かがここに生きた痕跡があったというのです。

この場所は、かつて誰かが暮らした住まいの跡だったのかもしれません。もしかすると、冬の田んぼ工事の現場で暖を取った場所や監督官の居場所だったのかもしれません。

また、瀬畑さんちの立たない謎の石は、条里の線を大地に引く目印とするため、山から持ってきた石だったのかもしれません。八町八反の北側のへりにも、もう一つ祀られた小ぶりの石もあるのですが、いずれもその謎を解くことはできずじまいでした。

古老が語った「三六町」（昭和一二年の聞き取り）

昭和一二年に「聞き書き」された本の中に出てくる次の文がずっと気になっていました。

「八町八反アゼナシダといって、三六町のヒラキ（開墾地）がある。」

前にも書きましたが、これを話したのは、長富寅松氏七〇歳。昭和一二（一九三七）年夏でこの歳ですから、一八六七（慶応三）年、江戸時代最後の年に生まれた人です。

つまり、寅松さんの親や祖父母は江戸時代を生きた人たち。もし八町八反が江戸時代の開田ならば、寅松さんはその言い伝えを知っていてもおかしくはありません。テレビもインターネットもない時代、言い伝えは重要な情報です。いろりを囲み、繰り返し語られていたはずです。けれど、寅松さんは開田の物語については触れていませんでした。

何より気になっていたのは、寅松さんが語った「三六町」という数字です。「三六町」は広さを表します。約三六ヘクタールの意味です。けれど、八町八反周辺の平坦部の田んぼを足してもまったく三六町には届かないのです。

ではなぜ、三六町といったのか――。寅松さんが間違えたのか、書き手が間違えたのか、などと考えていました。けれど、条里のことに思いをはせれば、わかるキーワードだったのです。

三六町とは、条里でいうところのちょうど「一里」です。これは条里の基本単位。「条里」という呼び名を地元が使っていたとは思えませんから、地元では「一里」＝「三六町」が、条里を意味する呼び名（固有名詞）となっていた可能性が見えます。

三六町⇓一里（条里の基本単位）⇓条里という式がぼんやり見えた気がしました。寅松さんは「条里（三六町）のヒラキ（開墾地）」と言っていたのかもしれません。昭和初期まで、八町八反は「三六町＝一里＝条里」の田んぼだという言い伝えがあったのではないでしょうか。

地名と地引絵図から考える

さらにもう一つ、条里であることを示すのに、地名もヒントになります。と

いうのも条里の田んぼなら、「何条何里何坪」と数字で場所を示すことができ、「条」「里」「坪」がついた地名が残っている地域もあります。また、正方形ブロックごとに地名がついていることもあります。八町八反はどうなのでしょう。地名探しです。八町八反の中に、さらに細かい地名があるのでしょうか。

今回、聞き取りから八町八反の中でわかっていた地名は、ただ一つ「沖田」だけ。謎の石が祀られている瀬畑家の田んぼ辺りが「沖田」と呼ばれていました。これは、見島の字図には載っていないまさに呼び名。ですから、まず「沖田」が指すエリアがどの部分を指しているのか知りたいと思いました。

そこで、見島支所にあった明治二〇年作製の分間図を見せてもらいます。ですが、地名は現在も残る小字ばかり。これでは何もわからないと途方に暮れていると、天賀保義さんが、「確か、八町八反のうちの田んぼの辺りは『こばら』、小さい原と書く小原って言っていたような気がします」と思い出してくれました。けれど、この分間図にも「小原」の名前はありません。こうした土地の呼び名はもう消えてしまったのでしょうか。

書庫から出てきた、明治六年の「地券地引絵図」の表紙

うなっていると、天賀さんが支所にある書庫にこもってくれ、「こんなのがありました！」と染みと虫食いで和紙の端がぼろぼろとくずれかかっている図を持ってきてくれました。

明治六年の「地券地引絵図」と表紙に書いてあります。一八七三年のものです。字単位でしょうか、田畑が何枚かまとまって描かれ、持ち主の名前やその面積が田畑一枚一枚の中に描かれています。

そっと一枚めくり、また一枚めくり。見ていると、「上片尻村」「下片尻村」というように、現在の小字よりもさらに小さい単位で描かれていることが、くずし

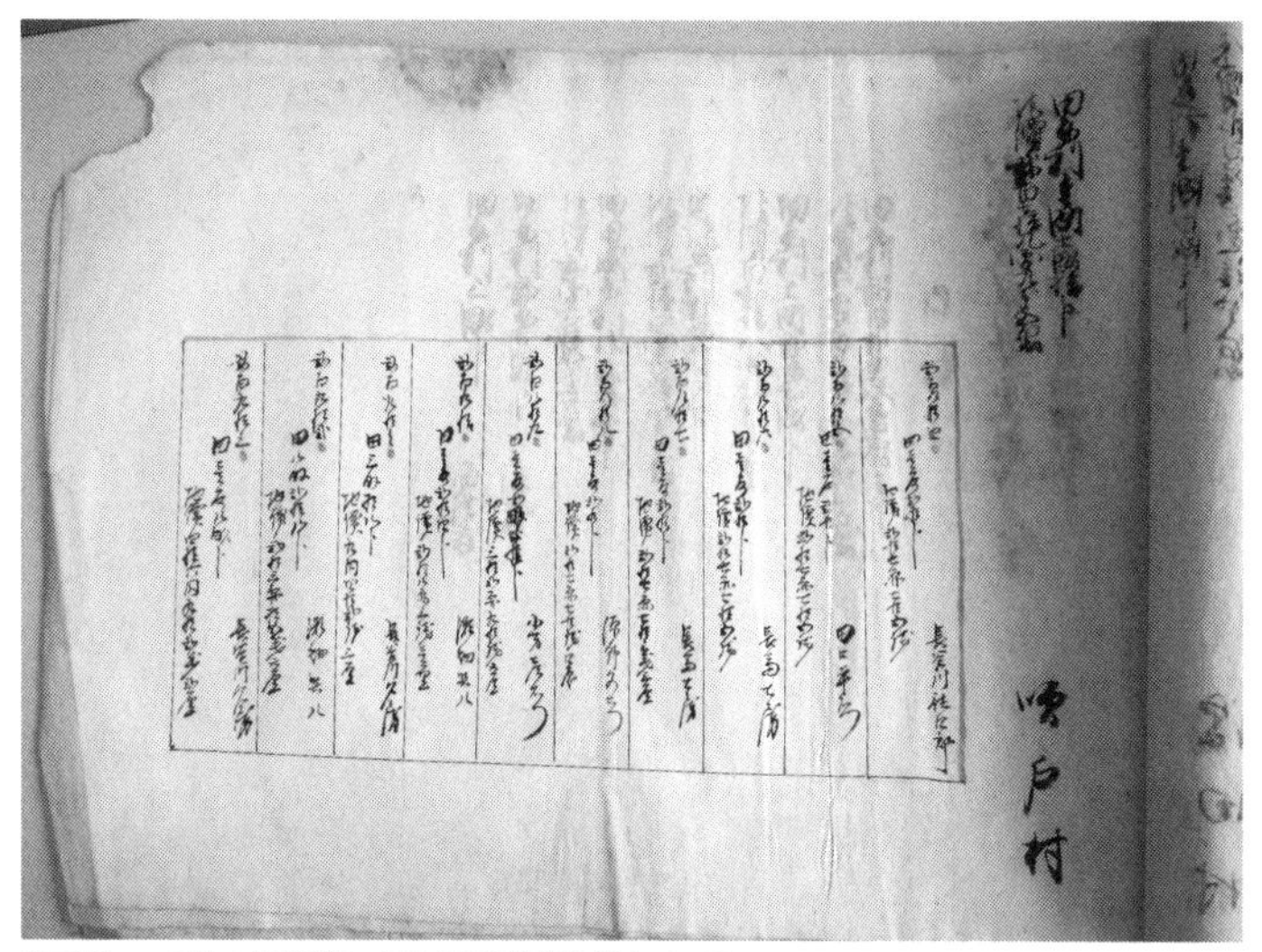

吹戸村。10枚の短冊型の田んぼが整然と並んでいる

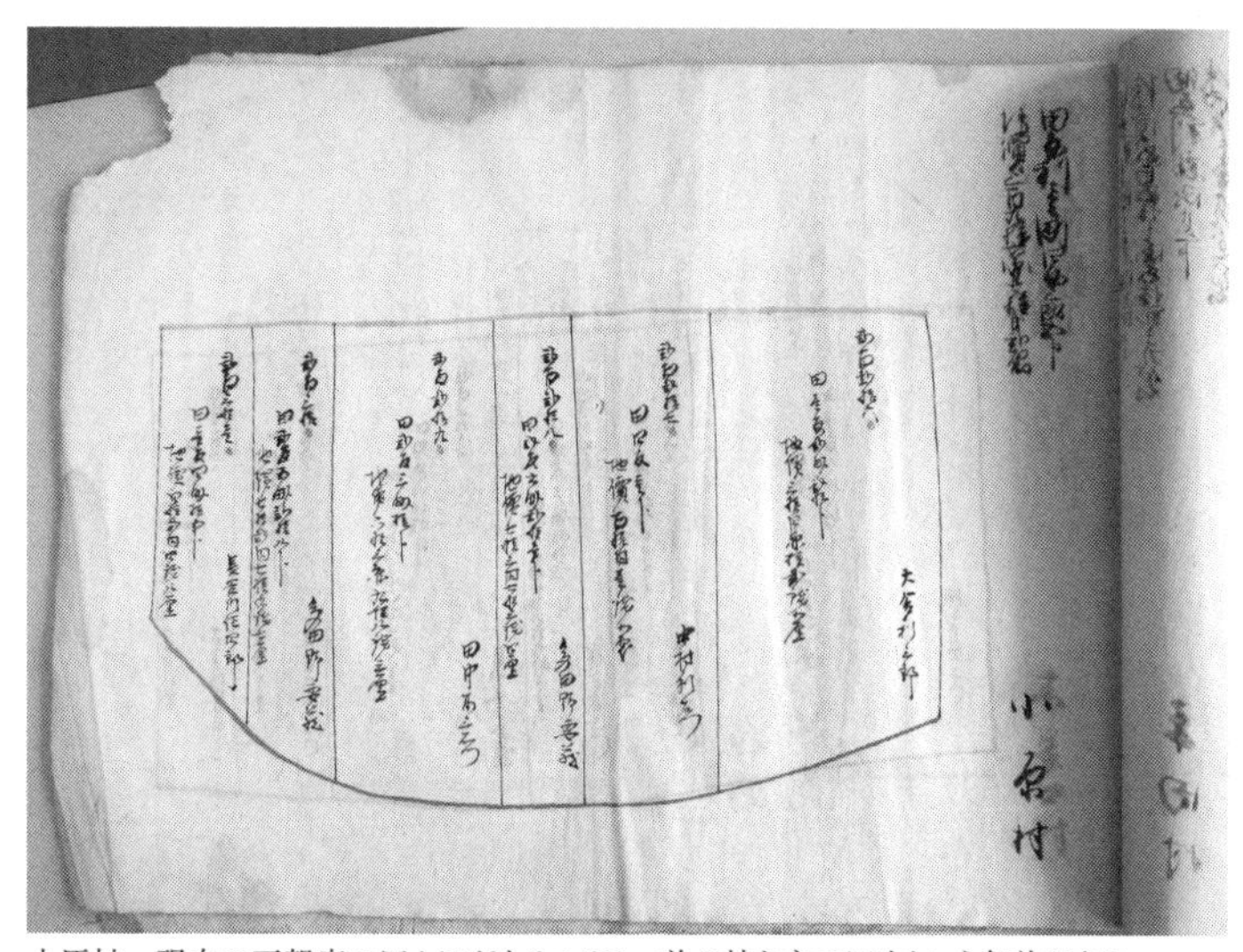

小原村。現在の天賀家の田んぼがあるエリア。前の持ち主の田中という名前がある

字ながらもわかってきました。しかも「村」という単位。「木農口村」「江良村」「山崎村」「宇禰村」……。八町八反周辺一帯に今も残る字名です。「八町八反」の文字は見つけられません。けれど、見ていると分割された八町八反の田んぼの一部も混じっているようです。

それは、現在の字名にない「用作り村」や「平田村」「浮田村」……。四角いまとまりとして描かれています。中の田んぼが短冊のように長細く仕切られ、一〇枚ある「吹戸村」もあります。どうも条里の区画（正方形ブロック）ごとにつけられた地名のようです。中に「沖田村境」の文字も見つけましたが、沖田村そのものの図面はないままでした。

「小原村」と書いた図面が出てきました。天賀さんに見てもらいます。形も現在と似ています。天賀家の田と思われるところに、当時の持ち主の名が書いてあります。

「田中某……」

「土地所有の名簿からあたってみましょう。所有者を過去にさかのぼって見ればわかりますよ」
天賀さんがすぐに、過去の田んぼの持ち主を確認できる地籍簿にあたってくれました。前の前の前の……持ち主でしょうか。天賀さんちの田んぼのかつての所有者に「田中某さん」の名前があればいいのです。

「ありました！」

天賀さんが分厚い地籍簿を指さしています。現在、天賀家の田んぼは明治六年、田中さんが耕していたのです。

八町八反の中はいくつかに分けられ、その一つが「小原村」だったことがはっきりしました。「小原村」をはじめ、「村」の範囲が基本、条里の一ブロックごとであれば、「条・里・坪」の文字はなくとも条里の基準に従い、より細かい地名があったことが見えてきます。

最後は実測しかありません。「小原村」をはじめ、一つのブロックが一辺約一〇九メートルならば、明らかに条里の区画、「条里地割」であると証明できます。

やっぱり田んぼを実測しなくちゃ

「一部だけでも実際に測ってみなくちゃわからない」、そう思っていました。というのも「一町方格」は、一つの正方形のブロックの一辺の長さが約一〇九メートルと決まっているのですから。

今一度、航空写真を見ます（一〇八ページ参照）。八町八反は、九か一〇のブロックを拾い上げることができますし、とくに中央部は正方形のブロックが南北に四つ、ちゃんと並んでいます。計算されているように思えます。

天賀さんの田んぼのある「小原村」周辺を測ってみることにしました。助っ人に弘中保貴さんが買って出てくれました。一〇〇メートルの検地縄も借りてきてくれ、用意はばっちりです。「小原村」は、八町八反の西の端。北から二つめのブロックです（一四〇ページ参照）。ただ、ここは正方形のブロックではなく、もとの土地の形に従って、東西の一部が長く変形した場所です。後の世の作業かもしれませんが、田んぼ面積を取れるだけ取ったのでしょう。

その最も長い東西のあぜを測ってみると、一三八メートル。けれど南北は、ほかと同様に正方形のブロックサイズです。では、この南北の長さは？　一〇九メートルに近ければ、条里地割といえそうです。測ってみました。約一一一メートル（田んぼの内側を計測）です。

「弘中さん！　一一一メートルですよ！　一〇九メートルに近いですよ！」

泥だらけになっていく一〇〇メートルの縄を弘中さんがたぐり寄せてくれます。そして、次に測りやすそうな、上から二段目の、左から二つめ（東西まん中にあたる）のブロックのサイズも測ってみました（一四〇ページ参照「浮田村」）。

結果、東西の長さ約一一二メートル。南北の長さは約一一五メートル。

一〇九メートルにいずれも近い数字です。航空写真を見ると、ここは東隣のブロックよりも南北が少々長そうです。東隣のブロックの南北の長さも測ってみました。

一一三メートル。やはり一〇九メートルに近いではありませんか。

すべてのブロックを測れば、さらにわかることがあるかもしれません。とはいえ現時点で、八町八反の正方形ブロックは、条里の基準にのっとってつくられた意図を確かに感じます。

「昔は縄ですよね。ずれたりすることもあるでしょうねえ」

と言うのは、二〇一六年四月から定年退職した弘中さんに替わって、新しい見島支所長になった古谷秀樹さんです。応援にかけつけてくれて、一緒に縄を持って田んぼの中を走ってくれました。

かつては洪水で湖のようになり、「アゼナシダ」になったところです。千年のあいだに被害に何度もあっているでしょうから、少しずつ少しずつあぜの長さが伸びていったのかもしれません。少なくとも、見島の八町八反は条里地割であることは間違いなさそうです。

条里とため池

池の位置からも見えてきたことがあります。ため池のほとんどが、田んぼの角につくられますから、多くの池が条里のラインに沿っています（一四〇ページ参照）。中でも、とくに集中しているラインがあります。

南北をむすぶ「一号農道」沿いには、埋めたものを含めると一列に一五個ほどのため池が並んでいます。平行する東側の「二号農道」には、あまりありません。一号ラインは、北に瀬高山を背負い、大谷ごうら（ごうら＝見島では沢の意）もあり、水脈が通っているのかもしれません。昔は川にもならないような水の道があったのかもしれません。

では、東西ラインはどうでしょうか。ちょうど、東側の晩台山を背にした場所、北から三本目のラインにも多いのです。ここは一三個。ちなみに、ほかの東西ラインはあっても五個。倍以上です。ここにも水脈があるのでしょう。

一方片尻は、八町八反とは別の時代につくられたようで、そんな規則性は見られません。条里といったまっすぐな地割はありません。これは、ため池を一つ一つ数えて歩いたとき、体が感じとっていたことです。八町八反の三角ため池は、あぜに添ってまっすぐ配置されてあり、数えやすかったのです。片尻は、ばらばらで、どこをどう数えたのか、しばし立ち止まったり、現在地がわからなくなったりしました。

明らかに八町八反は、最初に計画が練られ、水脈を確認し池の構想を練った人物がいるといえます。左野忠良さんが話していたように「北側からと南側の両方からつくられた田んぼ」であるなら、最初に青写真があり、工事が進められたに違いありません。

ここの条里の方位は真北ではなく、東に八度傾いています。条里の方位の理想は、東西南北の正方位といいますから、この傾きは何より水脈の位置と関係しているのかもしれません。

そして、こうした水脈があったことが、大きなため池を山手につくる大工事の選択ではなく、小さなため池を水脈に沿いつつ複数つくり、水を確保するという知恵を生み出させたのかもしれません。

地理学者に会いに行く

見島の八町八反に、「条里」があると最初に見つけた地理学者の先生に会いに行くことにしました。三浦肇先生です。先生の名前は『萩市史』の中で見つけ、論文を探し出しました。

そして、『山口地名大辞典』（角川書店）の中にも「山口県内の条里田の図」（作成：三浦肇）がありました。そこにも見島に一〇町程度の条里遺構があると地図に落とされています。

これを調べた三浦先生は、一九八〇年代にすでに見島に条里がある！　としっ

かりと言っているのです。

論文は一九八一年に書かれてあり、先生が山口大学教授だったときのもの。山口大学に問い合わせてみると、三浦先生はすでに一九九一年に定年退官されていました。お元気かどうか気になりました。けれど、先生と連絡がついたとつないでもらうことができたのです。

「おお、見島ですか！」

電話の向こうで先生の声が急に華やいだように聞こえました。

「ええ、そこは紛れもなく条里による田んぼですよ」

力強い声です。詳しく話を聞きにいくために、すぐ会いに行ったのでした。先生は頭が真っ白なおじいちゃん先生。でも眼光は鋭く、話は明瞭で快活でした。

「見島は玄武岩の島。火山が爆発してできた島で、火山灰土が混じり水が悪くてね。ぼくが調査で最初に行った一九六〇年は、水不足で、飲み水にも赤い水が混じっていてね。一週間お腹を壊しました。ははは」

先生は大笑いします。わたしが百個近くもある三角ため池が不思議で、八町八反を調べ出した話をすると、

「あれは独特だよね。水田を経営するために、ため池がある。ため池が小さく点在するというのは、水利が良くない現れですよ。ぼくも山口県内の条里の跡をいろいろ確かめましたが、こんなため池のつくり方をしているところはほかでは見られなかったですね。

あそこはね、地理学的には二つのラグーン(潟湖)でできているんですよ。一つめのラグーンは、八町八反。もう一つが片尻。

八町八反のほうが古くて、古くから陸化したもの。当時は海面すれすれぐらいの陸化でしょうね。片尻は新しいラグーンですし、こちらの田んぼは、江戸時代とか後からつくられたものですよ」

先生に田んぼが「条里地割である」と導き出した方法を聞きます。

「地形図と地籍図をもとに、空中写真を参考にして割り出したんだよ。見島には江戸時代中期、宝暦（一七五一〜一七六四）に描かれた地籍図があってね。それを見て地割を判断したんですよ。そして、現代の整備が入っていないか照らし合わせて調べてね。

このときの調査は、山口県全部の中にどれだけの条里の跡があるのか探したんだよ。平野部の水田には、明治大正昭和と耕地整理がどこも入っているからね。現代の整備は田んぼを大きくして直線にしていく。条里とよく似ているよね。だから、見ただけでは区別がつかない。そこで、田んぼの整備の工事図面をトレースして写しとって、一筆ごと昔の地籍図に重ね合わせていったんですよ。あの頃はコピーとかさせてもらえなくてね。

だいたい明治初期や幕末の地籍図が残っているから、それと合わせればわかる。まっすぐな線の方位を確かめ、昔の条里の地割のものか、明治後半からの工事による直線なのか確かめていったんだよ。

条里の地割は自然発生はありえない。離島にこうした田んぼがあるんだから驚くよね。しかもこんな小さな規模でもちゃんと条里にしている。明らかに当時の中央政府の息がかかっている証拠ですよ。

見島や山口県内の小さな条里の田んぼを見ていると、日本のすみずみまで条里で水田をつくっていったことがわかる。おそらく『田んぼを条里にせよ』と中央政府が言ったものを長門国も周防国（両国とも現在の山口県）も従順に聞いて、素直に実行したんだね。小さくとも条里地割にしているんだから」

「千年の田んぼ」

三浦先生が一九八〇年頃に見たという、見島の宝暦年間の地籍図は、もう見島支所には残っていませんでした。しかし、それを聞いた三浦先生がご自宅の資料の中に「当時、撮影した写真があるはず」と探してくれました。そして、L判写真をコピーしたものでしたが、宝暦年間の地籍図の写しが出てきたのです。「宝暦十弐午ノ六月」とあります。宝暦一二年とは一七六二年。今から二五〇年以上前に描かれたものです。最初に紹介した江戸時代の「地下上申」(九七ページ参照)の絵図より少し遅いか、同時代のものでしょう。

小さなまとまりなのに、やはり「村」単位で描かれています。一七六二年にすでに「片尻村」(現在の字・片尻)も田んぼになっています。そして、八町八反内と思われるものに「小原村」「田戸村」「用作村」「吹戸村」「浮田村」……。くずし字で詳しくは読めないものの、基本、正方形のブロックを一つのまとまりとしてあるようです。小さなまとまりを「村」と表記するのは、見島特有のよう。条里の区画

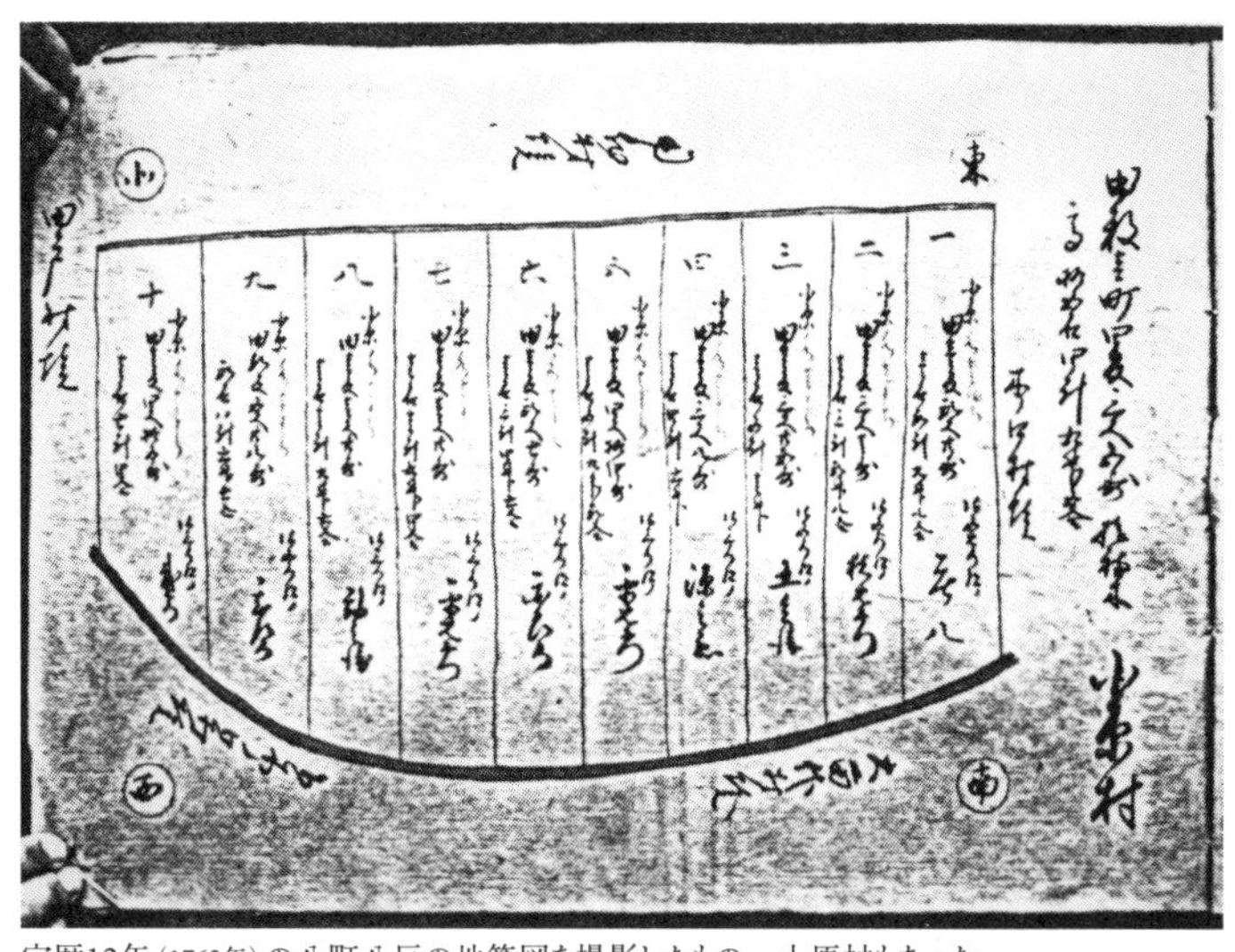

宝暦12年（1762年）の八町八反の地籍図を撮影したもの。小原村もあった

や田んぼの向きを手がかりに現在の航空写真などと照らし合わせれば、場所が特定できるでしょう。

そして最初に聞き取りでわかっていた「沖田」という地名は、八町八反全体を指す地名であるようでした。

二五〇年以上前も今も、あまり変わりはなさそうです。離島であったがゆえに、現代のほ場整備も入ることがなく、条里の区画や短冊型の田んぼそのものが崩されることのなかった八町八反。他の地域のように住宅が建つこともなく、かつての風景と変わらぬ八町八反。やはり、ここはつくられた当時の姿が現存する、日

八町八反につけられていた地名

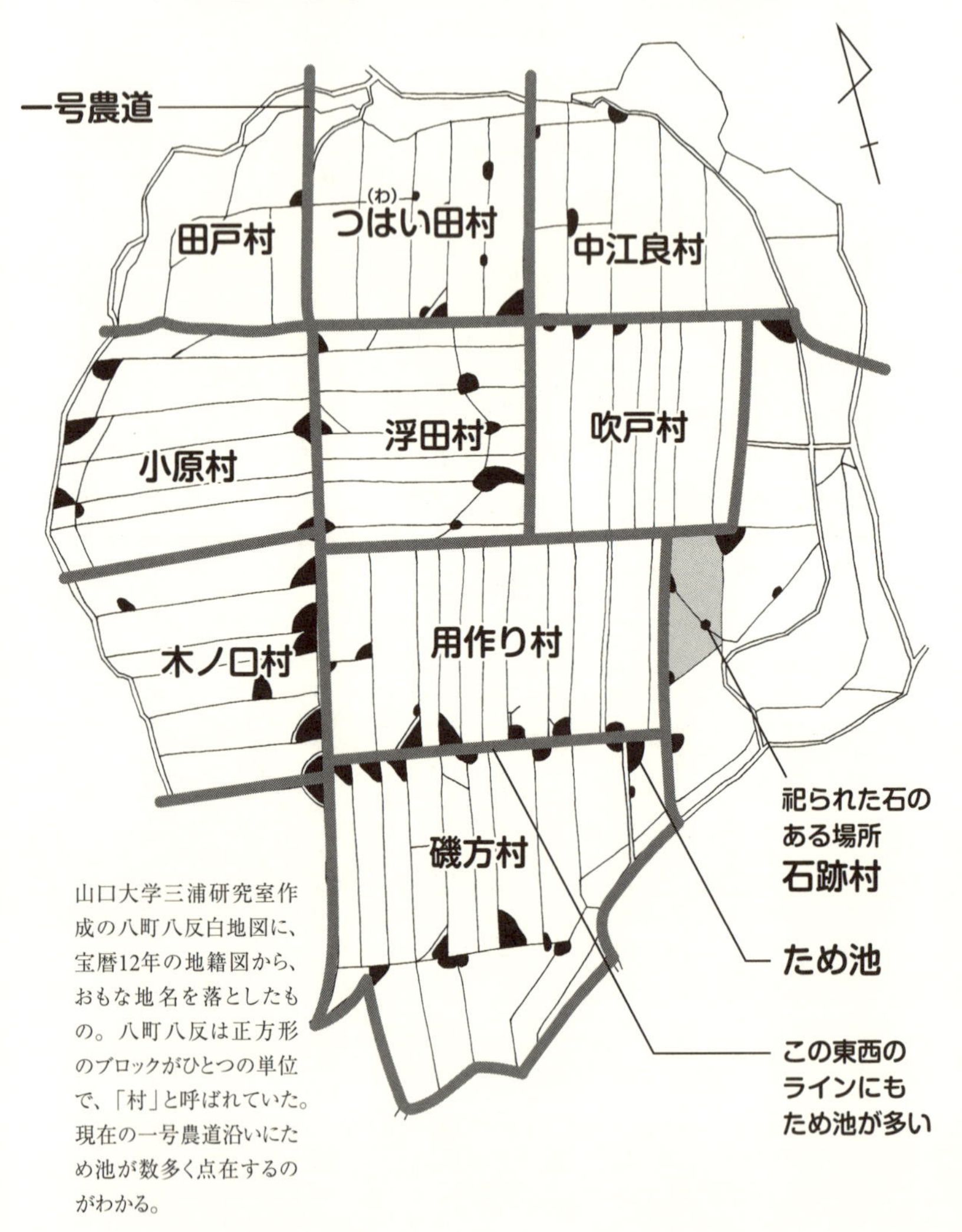

山口大学三浦研究室作成の八町八反白地図に、宝暦12年の地籍図から、おもな地名を落としたもの。八町八反は正方形のブロックがひとつの単位で、「村」と呼ばれていた。現在の一号農道沿いにため池が数多く点在するのがわかる。

本最古クラスの可能性が色濃くなってきました。

もちろん、日本全国に条里の地割が今も残る地域はまだあります。条里のラインを残したままの道づくりや町づくり、また田んぼの整備もあります。「条里遺構」と言われ、その名残をとどめています。

けれど、まるで千年の時を閉じ込めたかのような、当時の空間そのものが残っているであろう場所はわたしの知る限り、ここだけなのです。何より見島のこの「千年の田んぼ」がほかの地域と違う点は、小さなため池群という独特のかんがい方法を残し、かつての姿をとどめた〝一つの田園空間〟がそのまま今日まで続いていることなのです。

田んぼの隅っこにつくった小さなため池群に水を繰り返したため、水をくみ出す独自の水利方法もずいぶん古い知恵のはずです。それが今も実際に見られるなんて。ものすごいことです。

ここまで来ると、条里の区画で田んぼをつくった時代をもっと絞る必要が出てきました。というのも、日本全国の条里遺構は、専門家が発掘調査や古い文書などからつくられた年代を割り出しています。

　先にもふれましたが、条里の区画であるとわかっても、七～八世紀の律令国家時代にできたものなのか、その後、このスタイルをまねて、平安時代の九～一〇世紀あたりにつくられたものなのか、またその後もつくられたともいわれ、時代がはっきりしないのです。それだけ幅を持って「条里制」はとらえられているのです。

　仮に、一〇世紀と考えても千年前の話です。八町八反がはっきりとした条里の区画を持つ以上、開田の時期は、古ければ一三〇〇年以上前までさかのぼれるのです。

　誰が八町八反をつくったのか推察できれば、いつできたのか、もっと時代をしぼれそうです。八町八反をつくったのは誰なのでしょう。最後、この問いにぶち当たりました。

謎(なぞ)その④——誰が、八町八反をつくったのか

ジーコンボ古墳群との関係を探れ！

この手がかりは、八町八反の目の前にありました。八町八反から続く片尻の田んぼの南端に静かに眠るジーコンボ古墳群です。東の晩台山と、南の高見山がつながった、L字型の小高い浜堤に並んでいます。その裏は丸い石がごろごろした横浦海岸です。

まるで、八町八反をはじめとする島の東南端の一大水田エリアを高波から守っているようにすら思える位置です。

古墳群は、大きめの丸い石を積み上げて敷き詰められた丘に東西約三〇〇メートル、南北五〇〜一〇〇メートルにわたって並ぶ約二〇〇基ものお墓です。横穴式石室に近いものや箱式石棺などが確認されています。

ジーコンボ古墳群に本格的な学術的調査が入ったのは、昭和三五（一九六〇）年。そのとき、武器や装飾品などの埋葬品が大量に発掘され、七世紀後半から約一〇〇年のあいだに築造された貴重な古墳群であると発表されました。

ジーコンボ古墳群。約200基ものお墓が丘の上に並ぶ。写真は「石棺状石室」

ところで、「ジーコンボ」とはユニークな名前です。「昔から見島のもんは『ジコンボ』とか『ジコンボウ』とかゆうてるのに、昭和三五年の調査で『ジーコンボ』と書かれてからは、ジーコンボになってしもうた」と見島の中で耳にします。

「ジーコンボ」とした背景は、見島でおじいさんのことを「ジーコー」、おばあさんのことを「バーコー」ということから、祖先の墓という意味で「ジーコンボ(墓)」と判断されました。

さらに昭和五七(一九八二)年に二回目の調査が行われています。三基の調査がなされ、貴重な出土品が多く出て、昭和五九（一九八四）年に国指定の文化財となりました。出土したのは、多くの食器類のほか、鉄刀などの武器、刀子といった小刀の工具や、和同開珎をはじめとした「皇朝一二銭」、さらには耳飾りなど装身具などでした。

何より注目を集めたのが石銙や銅銙といった帯飾り（一四三ページ、扉写真中央）。これは、律令官人（＝役人）公式の服装で、位もわかるものでした。つまり、都や中央政府とつながった役人を頂点とする集団がいたとはっきりわかったのです。

わたしが、条里地割を持つ八町八反との接点を見いだすのが、この「七世紀後半」と「律令」という共通のキーワード。いずれも七世紀後半の律令国家が色濃く関係したものです。同じキーワードを持つものがお互いの目の前にある——。つまり、ジーコンボ古墳群に眠る律令官人が八町八反をつくったとしてもおかしくはない……。やはり、調べてみなくてはなりませんでした。

実は、見島に条里の区画があることを指摘した地理学者の三浦先生は偶然にも昭和三五（一九六〇）年から三年間行われた「見島総合学術調査」に参加し、ジーコンボ古墳群を調査した一人です。当時の三浦先生は、大学の助手。考古班のメンバーとして参加し、二〇〇基近い古墳群の分布図の作製を手がけ、実際に遺物の発掘もしています。

三浦先生は、当時のことを思い出して、こう話してくれました。

「ジーコンボ古墳群は、古墳の形も特殊だし、何しろ発掘すると、都会的な雰囲気を持つ副葬品がたくさん出てきたんですよ。七世紀後半から一〇世紀ぐらいにかけての、中央とつながる高い社会層のメンバーが住んでいたのがわかった。武器類も多く出ましたから、世間では防人（兵士）の墓じゃないかとか、いろいろ言われるようになりました。少なくとも飛鳥時代から奈良時代、平安時代にかけて、中央からの駐屯軍が見島にいたということ。国を守るために古代からこの島に今の〝自衛隊〟というべき人たちが来ていたんですね。戦後も見島には、アメリカ軍がいましたし、日本の防衛のために重要な場所です。とくに古代は、島を重視していましたからね。

発掘調査ではね。武官の帯のバックル（鋏具）が、まるで今、誰かが落としたみたいに新しく見えましたよ。ちっとも古くなかった。『おーい、誰か落としたんじゃないの？　これ』ってな具合にね。これがあるということは、律令官人が確かにここにいたということ。それがわかるんですよ。

八町八反は、ぼくもね、当時の国を守る、今で言うところの〝自衛隊〟たちの口を養うためのものだろうと思うよ。水田をつくるために、ラグーン（潟湖）を利用したんだと思うね」

白村江の戦いの時代に

見島は、日本海をへだてて大陸や朝鮮半島との国境にあるため、国防という大切な役割を果たしてきた島です。国防というのは、国を外国から守ること。見島には、現在も自衛隊のレーダー基地があります。幕末には、藩の遠見番所もあり、日露戦争時には海軍の見張り台が、太平洋戦争時には監視所が、そして戦後は米軍のレーダー基地が設けられた島なのです。

　では話の舞台、七世紀後半、見島に国防の役割は求められていたのでしょうか。当時の海外事情を少し探ってみます。

　ちょうど律令国家が打ち立てられた七世紀後半、日本は外国との大きな戦いをしています。天智二（六六三）年、朝鮮半島で起こった『白村江の戦い』です。日本がはじめて直面した海外の脅威でした。

　六四五年の「大化の改新」後の中央政府は、天皇を中心とし、法律に基づいた強い国家をつくろうと勇んでいました。

　そんなころ、日本と同盟関係にあった朝鮮半島の百済が、唐（今の中国）と新羅（朝鮮半島の国の一つ）の連合軍に攻められます。

日本軍は、百済へ応戦に出向いたものの六六三年、惨敗。

六六二〜六六三年、日本は計三万二〇〇〇人もの兵を「白村江の戦い」で朝鮮半島へ送ったといいます。百済が強国・唐から日本を守る砦と考えていたからです。けれども、海が日本軍の血で赤く染まるほどだったとも記されており、また多くの兵士が捕虜にもなりました。兵を出した西日本の地方豪族たちの不満も大きかったでしょう。

百済が滅びたことで、今度は大国・唐の脅威が、勢いを増す新羅とともに大きなうねりとなって日本海の向こうから押し寄せてきました。迫り来る危機でした。そして、次に狙われるのは日本と、防衛に力を入れたのです。対馬をはじめ、九州北部（太宰府周辺）に巨大な城を構え、「防人」と呼ばれた兵士の軍団を置きました。さらには九州北部から瀬戸内海沿岸、そして都まで多くの城を建設し、国を守る体制を築き上げたのです。

ですから当時は、国境にある島も、地方の国々と同様に重要視していました。朝鮮半島に近い見島も白村江の戦いがあった頃、大きな役割を担っていたのに違いありません。その防衛の役割を担った人々——それが、ジーコンボ古墳群に眠る人々なのです。

ジーコンボ古墳群と八町八反の共通点を探る

八町八反は、ジーコンボ古墳群の目の前。にもかかわらず、八町八反は、江戸時代の干拓と見られていたため、これまで古墳群とは切り離されて考えられてきました。けれども、ジーコンボ古墳群の謎とともに、島の人口や技術、また財力では考えられないような条里の区画による田んぼづくりという大工事の謎にも目を向けねばなりません。

水田は、そこに生い茂る木や草を刈って、たださら地にすればいいわけではありません。水がたまるよう水平にし、稲が育つだけの水の確保が重要です。まっすぐで壊れないあぜも必要です。土も、稲が根を張るよう柔らかくし、その下では、水漏れしないよう盤を固めたりせねばなりません。

先にも書きましたが、砂地で沼のような八町八反で東西南北の方位を取り、測量をして直角で大区画の田んぼをつくった技術者がいたのです。田んぼ一枚一枚の隅にため池をつくることで、田からしみ出す水を再び池に集め、同じ水を何度も使うという知恵にたどり着き、稲作を可能にした賢者がいたのです。

優れた土木技術を持つ技術者は、中央政府からの派遣だったでしょうか。そして、多大な労力と財力を必要とする条里での田んぼづくりです。田んぼの大工事には、労役にかり出された島外からの人々がいたでしょうか。

そうなると、大勢の人たちの日々の食事や住まいが必要です。木を切り、土を掘るなどたくさんの道具も必要です。つまり、財力もなくてはなりません。当時の見島に大工事を支えるだけの十分な財力があったとは考えにくく、中央政府や本土からの地方豪族の存在が見え隠れします。これだけのことを日本海の荒波の向こうにある離島で成し遂げられたのは、中央政府の力が見島に投入できた時代ではないでしょうか。

離島、見島において条里制に基づいて田んぼをつくる大事業が可能な時代はいつだったのか——。ジーコンボ古墳群に眠る律令官人たちが田んぼをつくったのか——。確かめる旅は続きました。

自然人類学者——骨の先生に会いに行く

ジーコンボ古墳群について調べはじめると、出土した骨の分析から、女性や子どもまで埋葬された古墳であることが明らかにされていました。なんと、子ども

たちまで眠っていたのです。もっと、この古墳に眠る人々のことが知りたくなりました。

ジーコンボ古墳群に眠る人骨を分析した、自然人類学者の松下孝幸先生（土井ヶ浜遺跡・人類学ミュージアム館長）に会いにいきました。松下先生の分析によって、ここに眠る人たちが成人男性ばかりでなく、女性や子どももいたことが明らかになったのです。

これは大きな発見でした。ジーコンボ古墳群に眠っているのが「防人」という、国を守るため、東の国を中心に集められた男たちの墓ではないかとも言われたりしただけに、そうではなかったことを骨が証明したのです。

「国境の島である見島に、官位がないと持てない帯飾りが副葬品から出てきたことから、当初、国の防衛にあたった司令官クラスの兵士たちではないかと考えられてきました。けれど、発掘された骨を確かめてみると、ここには家族が眠っていたことがはっきりしたんです。子どもたちもいました。

今、確かに言えるのは、家族を単位とした社会集団がここに二〇〇年以上いた、ということです。

家族のお墓と言っても、誰でもがお墓に入れる時代ではありません。埋葬されるのは、お金持ちの人だということです。古墳時代はまさにトップクラスの人たちだけが入れたのがお墓。ふつうの人は簡単に言えば、捨てられるわけです。ほかの地域の話ですが、平安時代の骨が古い井戸の中から出てきたり。一般の人が墓地に埋葬されるようになるのは江戸時代からです。

ジーコンボ古墳群がつくられた七世紀後半から一〇世紀は、一般の人は埋葬されていない時代なんですね。この時代、日本はちょうど軍事的に海外と緊張関係にありました。武器類も発掘されていますから、武器を持った集団が島にいたことは間違いないでしょう。

ただ、男の人ばかりじゃなかった。島の外から兵士のような人たちが単身でやってきて、島で家族を持ったのかもしれませんが、少なくともジーコンボ古墳群には、女の人も子どもも一緒に埋葬されています。ですから、国防と言っても現在の自衛隊の人たちのように、家族を持った暮らしがここに存在していたんですね」

先生の話は続きます。

「現在までの調査をすべて合わせると、ジーコンボから出てきた骨は、それぞれ少しずつですが、三〇体分ありました。そのうち、男性が八名、女性は五名、幼小児(〇〜一八歳)が七名、不明が一〇名。

出てきた骨はわずかですが、そこからわかることがあります。たとえば、手足の骨(四肢骨)は、生活や労働スタイルが反映されるのです。大人の男性の太ももの骨(大腿骨)は六例ありましたが、これを見ると、筋肉があまり発達していない人が多い。

よく働いて下半身の筋肉を酷使していると、筋肉が発達して、骨が扁平になっているんですよ。たとえば、農業や漁業といった力仕事をする人は筋肉質ですから、骨が扁平になるんです。けれど、ジーコンボから出てきた骨の多くは、身体を酷使していた痕跡はなかった。

ただ、中には太ももの骨（大腿骨）が発達した例や、大きい上腕骨を持つ例もあったんです。女性でも力仕事をしていただろうと思われるような扁平な骨を持つ例も二つありました。ですから、埋葬されている人の中には直接、漁業や農業など生産活動にかかわった人もいた可能性があります。

多くの男性たちの身体的特徴を推測すれば、筋骨隆々とした屈強なイメージはないですね。監督する人たちだったのかもしれません。古墳時代から平安時代にかけて、特権階級、つまりトップクラスの人は、肉体労働をせずにすみますから、華奢なんです。筋肉がついていない場合が多い。骨から、どんな風に暮らしてきたかがわかるんですよ。骨から生き様も見える。家族でいたということは、家族みんなで食べていかなければならないわけです。そう考えると、見島で米をつくったり生産活動をしていてもおかしくはないですね。

彼らが何を食べていたのかは、現段階ではわかりませんし、病気も、今回ものは保存状態が良くなく、何ともいえないのです。住んでいた人たちの輪郭がおぼろげにわかる。そんな感じです。

口から食べたものが人の骨をつくります。古代の人たちはいろいろなものを食べていますよ。何を食べるべきか、生活の中でちゃんと会得しているんです。だから、骨は今の人たちより丈夫ですよ」

考古学者——遺物を見直す先生に会いに行く

見島のジーコンボ古墳群の本格的な発掘調査は、これまでに二度。一度目は昭和三五（一九六〇）年からの三年間で、二度目は昭和五七（一九八二）年。そのときは、保存状態の良い石室三基のみ調査されました。

横山先生

一度目の調査で発掘された遺物は、その大部分が未発表のままになってきました。しかも、萩市の博物館と山口大学の二カ所に分散し、長いあいだ眠ったまま。けれど、二〇一一年からそれらの二つを合わせ、遺物の再鑑定をしている先生がいました。山口大学埋蔵文化財資料館助教の横山成己先生です。先生に最新情報を聞きに伺いました。

「ジーコンボ古墳群の人たちが田んぼを？　今まで考えたことありませんでしたね。彼らが稲作をして生産活動をしていたとするなら……まずは、当時の集落跡を確認したいですね。ですが、見島はあまり発掘がなされていない上に、住みやすい場所にはすでに住居が建っていますから、集落を確認するのはむずかしいかもしれません。現状ではなんとも言えないですね」

そんなところから話ははじまりました。

「約二〇〇基あるうちの一部だけが発掘調査されています。今回、その二〇基ほどから出た遺物の、ようやく半分が再調査できたところです。土器類は一基から何百片と出ているんですよ。それをもとの形に復元していくんです。手間も時間もかかります。

そして今、重要なことは、ジーコンボ古墳群は、保存状況が良くなく、遺跡としてピンチを迎えていることです」

田んぼだけでなく、国指定史跡になっている古墳ですらも見島では荒れていっている……。これはゆゆしきことです。ジーコンボ古墳群の価値を再発見することも今、必要なことだとわたしは身を乗り出して聞きはじめました。

七世紀後半（六〇〇年代後半）～九世紀（八〇〇年代）の家族墓

「見島では、古くは縄文時代から人が活動していたことがわかっています。遺物の量が少ないことから、人が定住していたというより、渡航し漁労などの活動をしていたのではないかと考えています。

島内の出土品を見ると、古墳時代以降に土器が増えてきますので、このころに人が定住しはじめただろうと見ています。古墳時代には小規模な集落もあったと思いますが、発掘で確認していないので、断言はできません。

ジーコンボ古墳群は七世紀後半から、というのがこれまでの定説です。これは間違いありません。ほかの地域では七世紀後半には、古墳がつくられなくなっていくのに、見島では古墳時代が終了してから古墳がつくられはじめ、そのあと二〇〇年間続いていく。

一般には、六世紀の終わりにつくられた古墳が七世紀になってもそのまま使用されるんです。けれど見島は、ジーコンボ古墳群より前の古墳は現在まで見つかってなく、突然七世紀の後半に出現する。異例中の異例です。

また、墓の形式も変わっています。七世紀の石室といえば、ふつうは地上に石を組む地上式ですが、見島は地面を掘って石を組む地下式。他にはない形態です。しかも、石を積んでつくる古墳『積み石塚』は、石で墓をすっぽり覆ってしまうのが一般的なスタイル。けれども、ジーコンボ古墳群の西側は『石棺状石室』がむき出しの状態。盗掘で壊されたとしてもその残骸が少しはあるはずなのに、まったくない。これを『積み石塚』と認識して良いものか疑問も残ります。

そして最も重要なことは、石室に追葬がなされている、ということです。追葬というのは、あとから別の人が葬られていること。これは、松下先生の骨の研究成果によってわかったことです。

たとえば、一五一号墳には、骨から少なくとも五体の埋葬が行われたことがわかっています。成人が三人、幼児が二人。そして、副葬品から時代を推定すると、最初の埋葬は七世紀後半。次が八世紀前半。そして八世紀後半、と時期が異なっています。

以前から『防人の墓』という意見がありますが、出土品から見ると『家族墓』という結論になるんです」

東西に長く横たわるジーコンボ古墳群ですが、東と西ではっきりと分かれているのだそうです。東は「横穴式石室状」につくられ、西は「石棺状」です。昭和の調査では、東側の墓が先につくられたと見なされましたが、横山先生が遺物を見直したところ、西にも古いものがあったといいます。その墓のスタイルの違いを「集団差だろう」と先生は話します。

集団差というのは、同じ時代に東に葬られた家族（一族）と西に葬られた家族（一族）がいたということ。東が石室、西が石棺というスタイルの違いは、それぞれの家族の出身地の違いによる可能性が高いというのです。

「古墳群成立のきっかけは、集団での移住だと思います。書かれたものが残っているわけではないのですが、国の防衛のため、当時の律令国家が島を警備させる目的で彼らを移住させたのだと考えています。

国防といっても、海での戦いではなく、島を奪われないように住むことが大事だった。国境にある島に人が住んでいないと、他国に簡単に乗っ取られ、拠点にされてしまう。それが怖いわけです。兵役として国防をまかされたわけですが、実は〝安定した定住〟そのものが目的だったのではないでしょうか。その定住民の墓こそが見島ジーコンボ古墳群だと思います」

副葬されていた須恵器からわかること

「墓を見る限り、副葬されている須恵器の量が非常に多く、彼らが豊かであったことがわかります。須恵器というのは、高価な食事用の器。窯で焼く硬焼きの器です。当時の器としては貴重なものです。にもかかわらず、ここには大量に副葬されている。

七世紀後半以降、須恵器でご飯を食べるのは、官人の証です。官人は、法律によって支給される食事を須恵器で取るのです。ただ、墓には、個人用の器だけでなく、貯蔵容器や水甕も入っている。暮らしに必要なものをお墓に入れてしまうほどの余裕があったわけです。

でも、『また、焼けばいいや』という余裕じゃない。須恵器を生産するには焼くための窯が必要ですが、見島島内で窯跡は見つかっていません。それに器を焼き続けるためには燃料、膨大な木材が必要です。けれど、島の木々ではまかなえないでしょう。こうしたことから、島外からもたらされたと考えています」

なんとも不思議です。島でつくり出せない高級品を形見分けもせず、使い回しもせずに副葬するなんて。この時代では当たり前だったのでしょうか――。

「そこなんです。高級なものですし、ほかになければ副葬しないでしょう。だのに、ふんだんに副葬されている。しかも、惜しげもなく。ですから、わたしは島外から配給されていたのだと思うのです」

配給？　どこから――。近畿にあった都の朝廷から？　今の山口県である長門国からの配給――？　先生はこう言います。

「長門国ではない、と見ています。山口県内の須恵器を調べたところ、それらとどれも形や製作技法が違うのです。
では、都からか、太宰府からか……。同じ特徴を持つ須恵器を焼いていた窯元がわかればいいのですが、当時の須恵器窯の数は多すぎて確認できるかどうか……」

先生が苦笑いします。太宰府といえば、九州福岡に置かれた古代の国防の要の役所です。

「彼らは、国防に必要な武器類も平気で副葬しているんです。つまり、こちらも補給されていたのだと思います。古墳群は盗掘にあっていますから、残されていた数よりもっと入っていたはずです。武器は残しておけば、使えますよね。刀も矢も使えるのに、ふんだんに副葬している。つまり、必要な数だけまだまだ手元にある。物質的な支援がかなりあったのだと考えられます。

こんなに、ふんだんに武器や高級食器を支給できたのは、都か、太宰府ではないか、と思うんです。断言できませんが、国家がらみであったのは間違いないでしょう。

貴重な品が大量に島へ送られているのは、何かの見返りだったのでしょう。それが国防のための島への移住だと思うのです。

ほかにも、たとえば耳飾り。耳飾りは当時、男性もしていました。山口県本土では未確認の、中が空洞の『中空耳環』の耳飾り(一四三ページ扉写真下)がジーコンボ古墳群から出ています。こうしたことから、ここに眠るのは今の山口県にあたる長門国や周防国の人ではない可能性が高い、とわたしは見ているんです。

副葬品から見ると埋葬のピークは九世紀前半。九世紀後半から墓に埋葬する人が減ったのか、お墓に副葬品を入れなくなるのか、遺物の量が減っていきます。もちろん、配給が途絶えたとも考えられます。こうして二〇〇年も続いた古墳群ですが、九世紀後半には埋葬がほぼ終焉していると見ています」

「ラスト豪族」の声を聴く

「発掘済みの墓で、そのうちの二五パーセントから帯飾りが出ています。四基に一基の割合で官人が埋葬されていたことになります。当時の官人は、位に応じて公式の服装が定められていましたから、出てきた帯飾りから位がわかるのです。少なくともここには律令官人の六位以下の人、つまり下級役人がいたと考えられます。

そして、ここに眠る成人男性は、ほぼ武官としての身分を持っていただろうと思います。刀など武器類が豊富に副葬されているので、武官と判断しています。

さらにもう一つ、この古墳群には大きな特徴があるんです。旧態依然とした古い埋葬風習がそのまま維持され続けたこと。昔からのスタイルが続いたのは、他地域からの情報が入らなかったからだろうと思うんです。しかも平安時代まで二〇〇年も。こんなところはほかにありません。

同じ時代、ほかの地域は国の戦略である仏教文化へと移り、火葬が導入されています。でもその頃、見島には仏教文化が届いていなかったのでしょう。国からの文化的な影響を受けることなく、ほかと断絶した文化が続いたと見ています。

ここには、独特の精神文化があると思います。それは古墳時代以来の精神です。

当時の地方の役所では、律令国家の指導のもと、地方豪族が役人となって、その子どもが代々受け継いでいきます。見島では、古墳時代の精神をそのまま受け継いだ、ラスト豪族とも呼べる人たちが二〇〇年続いたんです」

先生が「ラスト豪族」と言ったとき、目の前が少し開けたように思えました。「ラスト豪族」とは、「最後の豪族」という意味です。古墳時代に領地を広げ、活躍した古代の豪族。その最後の姿がここにある……。彼らが古代の豪族としての生き方を貫いたことが、埋葬の仕方から理解できるように思えました。

豪族とは古墳時代、稲作を中心に米を財源とし、力を蓄えていった人々です。そして、律令国家が誕生し、国の仕組みが変わったとき、彼らは各地域の郡のリーダー（郡司）へと立場を移していきました。朝鮮半島に近い見島は、一つの郡と同格に扱われていた可能性もあります。

見島を任され、豪族の精神を持った「ラスト豪族」。そんな彼らが水田づくりに興味を示さないはずがない――。わたしにはそう思えました。横山先生はこう言っていました。

「お米は、都か太宰府、または彼らがかつて暮らしていた地域から配給されたと考えていましたが、田んぼが条里の地割を持つということで、自分たちで生産活動をしていたとするなら、彼らへの見方が変わりますね。ただ、生産力を高めるために当時の条里の方法で田んぼを造成し、水田稲作をしていたとするなら、もし、他国に島を奪われたとき、相手も定住が可能になってしまいます。そう考えると、相手に定住を許すような田んぼをつくったかどうか……。この点をどう考えればいいか……。

少なくとも、古墳の副葬品に農耕具や漁具などはまったく入っていません。古墳時代には農具を副葬する例は多々あります。豪族は墓に生業にかかわるものを供えるんです。彼らが副葬したのは武器類。ですから、やはり国防軍団であったことは間違いないでしょう。

おそらく当時の『軍防令』によって、国際関係の緊張がピークに達した時期に移住したはずです。田んぼをつくったとしても、第一目的が国防ですから、そのときには田んぼづくりはやらないでしょう。けれども、海外との緊張関係が落ち着いてきたならば、田んぼをつくったと考えられるかもしれませんね。もしくは、米づくりだけは自分たちでするよう義務づけられていたら……」

五〇人の一族が島に移住していたならば……

横山先生はこんなことも話していました。

「家族墓が約二〇〇基前後。正確な数字はまだわからないのですが、追葬がなされていますから、一つの墓に四体が埋葬されているとして、単純に計算すると、ここには二〇〇基×四体で八〇〇人が眠っていることになるんです。

二〇〇年間続いたわけですから、この八〇〇人を二〇〇年で割ると、一年間に亡くなった人の数が出ます。八〇〇÷二〇〇＝四。四人しか死んでいない。子どももいますので、もっと葬られているかもしれないのですが、大規模な集落ではなかったと見ています。

年間死者四人の集団です。となると、五〇人くらいの集団でしょうか。国防をまかされている成人男性とその家族が五〇人。ほかに、この人たちの米など食料づくりを行う農民層がいてもいいのかもしれないですね」

もし、八町八反の田んぼが当時あったならば、ラスト豪族五〇人分とその周りの人々のいのちをつなぐだけの米の量は取れたのでしょうか。少し考えてみます。

今、日本人は年間に一人当たり約六〇キロの米を消費しています。これはお米一俵と同じです。米の消費量は年々減っており、一九六〇年代は約二俵が日本人一人の消費量でした。そして戦国や江戸時代は、米一五〇キロ（二俵半）を「一石」と数えましたが、これは一人、だいたい米が二俵半あれば一年間暮らしていけることから指標とされました。ですから、例えばお米が「百万石」といえば「百万人が暮らせますよ」という意味です。

米は飢饉に備えて貯蔵したり、お金と同様にさまざまな物と交換もできましたから、常にお米を口にできたのは一部の限られた人でした。米食が日本全体に普及していくのは、実は明治以降。とくに、古代は山の恵みや雑穀なども多く食べ、食生活は多様でした。しかも見島は、魚介類や海藻など海の幸が食卓を彩ったはずです。

では、八町八反ではどのくらいお米が取れるのでしょう。「一〇アールあたり一〇俵取れる」と現在耕作するみなさんは言います。一〇アールで一〇俵は、とても良い収量です。これは長い年月、良い田んぼにしようと何人もの人が努力を積み重ねてきた結果です。とくに近年は、化学肥料なども登場し、収穫量は飛躍的に伸びています。

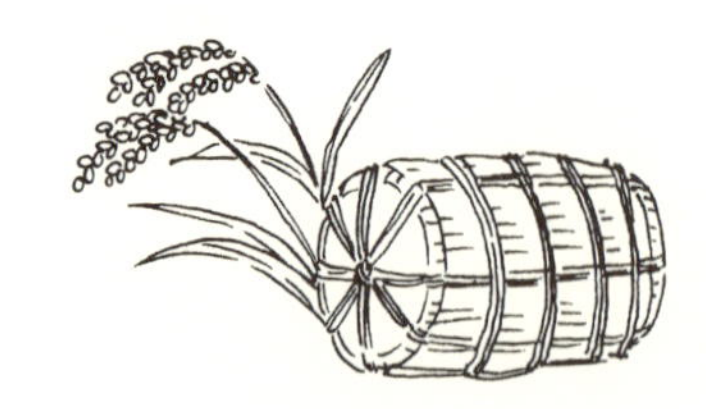

1俵 ≒ 60kg

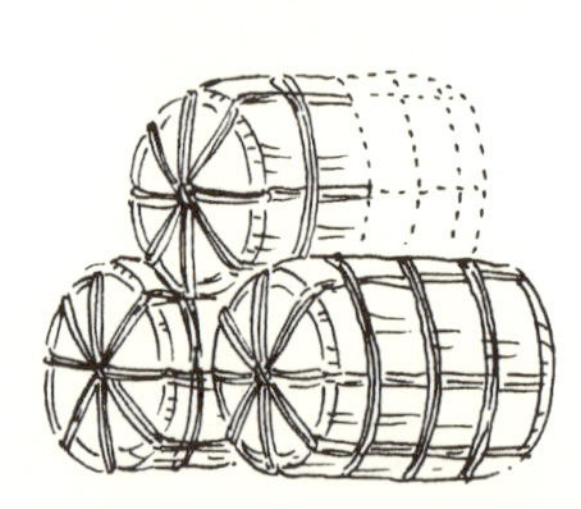

2俵半＝1石

成人が1年間に
消費する量

見島の八町八反

360俵 = 144人分

田んぼができた頃は、品種も違い、これほど収穫できないでしょうから半分以下の四俵とします。そして、八町八反の面積を、正方形ブロックが九つ見てとれることから、当時は九町だったとします。九町とは、九ヘクタール＝九〇〇アールです。

九〇〇アールの田んぼで、一〇アールあたり四俵取れるなら、三六〇俵の収穫です。戦国や江戸の頃のように一人、年間二俵半というものさしで考えれば一四四人分。三俵の収穫でも一〇八人分。

毎年、この程度の収穫ができれば、五〇人のラスト豪族とその周辺の人たちが食べていくには十分な数字です。かつては、「奴婢＝奴隷」もいましたし、一緒に移住してきた民もいたでしょうから、ラスト豪族一団は身分のある五〇人だけでなく、より大きな集団だったはずです。

けれど、これは八町八反すべてで米がつくれた場合。干ばつや台風などの天災に見舞われると、半分も田んぼにならない年もあったと聞きましたから、実は、数十人分が精一杯だったかもしれません。それでも豊作の年ならば、米を島外に持ち出して、何かと交換できる余裕が見えてきます。

それ以上に、見島は日本海のまっただ中の島。国境の島の警備を任された一族ですから航海術に長けていたと思いますが、暴風や台風などで海が荒れれば、現代でも船は全便欠航です。島はまさに孤立状態。そんなとき、波は勢いよく白く泡立ち、引きちぎられたしぶきが防波堤を乗り越え、波のつぶてとなって島をたたきつけています。それらを見ていると、島の宿命を思い知らされます。

とくに冬、日本海は荒れ狂うのです。そんな見島で食料を自分たちでつくれないと安心して暮らせないように感じます。現代と違い、飢饉や病気を抑えることはできませんでしたし、〝自分たちで自分たちの身を守る〟という発想は、今のわたしたちの感覚よりずっと強いものだったように思うのです。

いつ八町八反はできたのか

稲作は、日本人にとって特別なものでした。一粒が二〇〇〇粒に増えるともいう米は、日本の湿潤な気候の中で水をコントロールし、水田さえつくれれば、その恩恵は後の代まで続きました。日本では、末代へといのちをつなぐには、米が頼みの綱でした。米をつくること＝財力でもあったからです。米を貸し付け、利息をつけ、財を膨らませることもできたのです。

それだけではありません。稲わらは、牛のエサにもなり、「むしろ」など生活用品や農具の材料となり、雨よけや防寒にも役立つなど、稲がもたらす副産物は計り知れないものでした。たった一本のわらが編むことで変幻自在に姿を変え、縄や敷物、道具、寝具代わりにもなるのですから、古代においても家族の暮らしには、なくてはならないものだったでしょう。

今、わたしはジーコンボ古墳群に眠るラスト豪族の人々が、八町八反をつくったと考えています。八町八反は、東西南北に引かれたまっすぐな線を持ち、律令国家が定めた基準に従った条里地割をはっきりと持っています。

「白村江の戦い」があった六六〇年以降、都か太宰府といった中央政府とつながりつつ、見島に移住した「ラスト豪族」でなければ、見島の歩みの中でこれほどの大事業を成し遂げることはできなかったでしょう。もちろん、その前から湿地や沼地を利用した小さな田んぼがあったかもしれません。けれど、律令国家の息がかかった「ラスト豪族」たちならば、大胆に田んぼを開発し、当時の最新型の田園空間・八町八反を誕生させられたと考えられるのです。

見島に移住してすぐでなくとも、海外情勢が安定した時期に「ラスト豪族」が手がけた可能性は高いはずです。白村江の戦いのあと、朝鮮半島を統一した新羅は、六七六年に唐軍を撤退させることに成功します。

それによって、七世紀末から八世紀前半にかけての六〇年以上、海外情勢は安定しました。六〇年といえば、米をつくれば六〇回もの収穫が得られ、また家族は、三代目が受け継ぐ年月です。この六〇年以上続いた安定期に「ラスト豪族」たちがただ食料の配給を待つといった、受け身の暮らしを続けていたとは考えにくいのです。

この安定期に、「ラスト豪族」たちが里づくりに精を出し、島の基礎を築いた可能性が見えてきます。つまり、七〇〇年代前半には、八町八反は手がけられていた――その可能性です。約一三〇〇年前の出来事です。

そして時は進み、平安時代の一〇世紀前半に見島は、長門国大津郡の中の「三島(見島)郷」として当時の辞書『和名類聚抄』(九三一～九三八年のあいだに作成)にその名を登場させます。律令政治がはじまった時点(六五〇年頃)では見島がどこの国や郡に所属していたかは不明ですが、三〇〇年近く経ったとき、一つの郷になっていたのです。

郷の基準は、五〇戸。つまり、この頃には五〇戸の家族があり、里長がいたことがわかります。現代の核家族のような世帯が一戸ではありません。親族から奴婢まで、一戸は大家族です。当時の一戸は、二〇～二五人とも一〇人程度ともいわれています。少なく考えても一〇人×五〇戸ですから、五〇〇人。二〇人なら一〇〇〇人です。何しろ、一〇世紀には大勢が生活できていたのです。このときすでに五〇戸の家族を支えられるだけの土地の力があったことがわかります。

国防の役目を終えたラスト豪族の子孫はその頃も見島にいたでしょうか。少なくとも一〇世紀の見島の姿を思えば、当時すでに大勢が暮らせるだけの水田面積があり、広い八町八反が島の基礎となっていた可能性があります。ただ八町八反は先にも話したように、干ばつや洪水に見舞われやすく、台風などの被害もあり、米が取れない年もあったかもしれません。

実際、明治時代に見島では干ばつ続きで米が取れず、島の豪農たちによる島外での散財も重なり、気づくと島の農地すべてが借金の形になるという大事件も起きたほどなのですから。

おわりに——一三〇〇年の希望

「八町八反」に込められた願い

不思議なため池群からはじまり、ジーコンボ古墳群に眠る人々の姿を追いかけて、ぐるっと旅をしてきたような感覚です。

七世紀後半以降、律令政府が全国に仕掛けた「条里」の地割が確かに見島にあることから「ラスト豪族」の生き方まで探ってきました。見島のラスト豪族は、七世紀に祖先が持っていた文化や慣習を持ったまま、一二〇〇年以上見島で生き抜いた人々でした。そんな古墳時代からの精神を持つ家族が一二〇〇年間、自ら米を栽培することなしに、日本海の荒波のただ中にある離島でいのちをつなぎ、暮らしを続けられたとはわたしには思えないのです。

なぜなら古墳時代以降、生きていくために、日本人が重きを置いたもの。人をその地に定着させ、いのちをつなげさせたもの。それは稲であり、お米だからです。見島に限らず、日本全体が持つ稲作とわたしたちの歩みのストーリーです。

ジーコンボ古墳群は、人知れず千年以上、「八町八反」を見守っているのかもしれません。かつて古墳時代に、豪族たちが自分の領地を見守ってきたように。

こう考えてくると、見島牛（国天然記念物）も、水田づくりと同時に、牛と犂による最新の稲作方法として見島に持ち込まれたのかもしれません。条里制の田んぼと牛馬による農業はセットだったともいわれています。短冊型の四角く長い田んぼは、牛馬が一気にまっすぐ進めて、作業の効率が良いのです。見島に残る、牛につけて使う犂を確かめてみると、直線を一気に進むのに適した長床犂（スキー板のような長い床がついている犂）がずっと使われてきていました。

そして、水をくむ道具は今残るものと違うかもしれませんが、当時から何かしらの道具が用いられていたはずです。

八町八反での本格的な稲作は、田んぼの大工事と、当時の最新農業とともに幕開けしたことでしょう。古代の日本には、離島である見島に、最新農業を届けるだけの力があったのです。

見島には今も、明らかに大地に刻まれた条里の姿が現存します。荒廃が進みつつも、おそらく日本最古の姿を残した田んぼとため池群が織りなす田園空間は、今もここで米をつくる人たちによって守られています。八町八反にある六〇個を超えるため池とその位置は、つくられた当時の水利の技術と工夫と知恵を今に伝えています。

こうした貴重で、歴史的な環境を守り後世に残すことは、見島だけで考えるのではなく、これからの社会の大きな使命です。そして、世界に誇るべき財産だといえます。

最後に一つ。「八町八反」とは不思議な名前です。いつからそう呼ばれているのか、その名の由来はわからぬままでした。耕作者の左野忠良さんは「八町八反」の名前の由来をこう想像します。

「縁起をかついだ言い回しじゃなかろうか。八は末広がりじゃろ。末永くという願いもあろう。あと、米という字は『八十八』と書くでしょうが。そこからかもしれんの」

八町八反内の正方形ブロックは九つほど見てとれ、九町（九ヘクタール）が青写真として描かれていたのかもしれません。

「キュウチョウ」は「クマチ」とも読めると思った瞬間、確かに、縁起を担いだのかもしれないと思えました。「クマチ」は、「苦待ち」と書き表せます。日本人は、めでたい田んぼの幕開けを「苦待ち」という名前にはしないように思えたのです。

古代の人は今よりもっと地名や漢字に敏感でした。末広がりの「八」の字を選んで名付けたとしても不思議ではありません。開田当時の命名でなくとも、この千年のあいだに末広がりの豊かな物語をつむぐ「八町八反」であってほしいと願った人々がいたはずです。

だからこそ、千年経た今もここが田んぼであり続けているように思えます。その祈りのような願いは、代々受け継いできた人たちによって引き継がれ、守られてきたのです。

「八町八反」に込められた願い。それは、誰がつくったにせよ、島での限られた自然環境の中から生活を築き上げ、米をつくり、未来を次の世代へ託していった希望です。膨大なエネルギーが注ぎ込まれているのが、条里の形とおびただしい数のため池からわかります。

どんなにたいへんでも、生きようとした希望が一つ一つのため池に込められています。いのちを守ろう、いのちをつなごうとした希望です。こうして現代へと、いのちは受け継がれ、わたしたちのところへ辿り着いてきたのです。

青空に舞う、鬼ようず

未来へいのちをつなぐ

八町八反はほかでは見られない、千年の記憶を刻む田んぼ空間です。それを今後どう大切にしていくのか。どうつくり手を支えていくのか。知恵も力も必要です。耕作者が減っている話は先に書きました。五年後はわからないからこそ、みんなで考えたいと思うのです。

見島には大事な伝統行事があります。昔から大凧をつくり、子どもの誕生を祝ってきました。大凧、鬼ようずです。正月三が日に八町八反で鬼ようずが舞い上がります。

これはその家を継ぐ長男の誕生を祝ってあげられるもの。ですから、長男が生まれた家では一二月、親戚や近所中が集まり、たたみ六畳や八畳、一〇畳分といった鬼ようずをつくるのです。その大凧には、青緑、赤、白、黒を使ってデザイン化された鬼の顔が画面いっぱいに描かれています。

二〇〇三年一二月、孫が生まれた中家勲さん宅で、正月を待つ巨大な鬼ようずを見せてもらいました。大きさもさることながら、一人の子どものために、総勢七三人でつくったと聞いて驚いた記憶があります。再取材の際、中家さんにたずねてみると、

「あのときも、うちの子どもたちは東京で暮らしていて、孫も見島にはいなかったんですよ。それでも、鬼ようずはつくりますよ。正月には帰ってきますしね」

鬼ようずの顔には、必ず両目に紙でできた房が垂れ下がっています。涙だと言います。

「鬼の目にも涙です。鬼もやっぱり涙を持っておるんでしょうねえ。そんな優しさのある子に育ってほしいという願いですよ」

今改めて、涙を流す「鬼ようず」の顔を見ていると、家族で見島に渡り、日本を守った「ラスト豪族」のゆかりをその中に見たいような気もします。

一〇年後も百年後も千年後も、宝である子どもたちの誕生と成長を願って、鬼ようずは八町八反にあがるでしょうか。

わたしははじめ、百個近くある三角ため池の風景を詳しく知りたかったのでした。たどり着いたのは、古墳に眠る「ラスト豪族」が残したかもしれない千年を超える風景でした。

千年前の知恵が生き続ける見島。おびただしい数の池とともに、古来の願いを今日まで受け継ぎ、残してくれた見島の人たち。限られた自然環境の中で生きる土台を築き上げた千年前の熱が、まだかすかに見島を包み込んでいます。

ここは、貴重な田んぼでした。八町八反を吹き抜ける風をゆっくり吸い込みます。風の声が耳に飛び込んできます。

「生きよ！」「いかなる苦境のなかでも工夫し、生きよ！」と。八町八反の謎を探して歩いたわたしの耳には、うおんうおん叫ぶ風の音が、そう聞こえるのです。

主な参考文献

・『見島総合学術調査報告』（一九六四 山口県教育委員会）
・『萩市史第二巻』（一九八九　萩市）
・『山口県史通史編』（二〇〇八　山口県）
・『防長地下上申四』山口県地方史学会（一九八〇　マツノ書店）
・『日間賀島・見島民俗誌』瀬川清子（一九七五　未来社　原本『見島民俗誌』昭和一三）
・『私の日本地図一三　萩付近』宮本常一（二〇一三　未来社　原本『私の日本地図』一九七四）
・『宝島民俗誌、見島の漁村』宮本常一（一九七四　未来社）
・『宮本常一離島論集第一巻』（見島聞書）（二〇〇九　みずのわ出版）
・『宮本常一農漁村採訪録XⅦ見島調査ノート』（二〇一五　周防大島文化交流センター）
・『地獄島とロシア水兵　椋鳩十全集二六』椋鳩十（一九八一　ポプラ社）
・『桶・樽Ⅰ　ものと人間の文化史』石村真一（一九九七　法政大学出版出版局）
・『久保田町史　下巻』（二〇〇二　久保田町）
・『王禎農書』王禎撰（一九八一　農業出版社）
・『農具便利論』大蔵永常（文政五年）（収録：『日本農業全集一五』一九七七　農山漁村文化協会）
・『稲の日本史』佐藤洋一郎（二〇〇二　角川書店）
・「国指定天然記念物　見島ウシ産地保存管理計画」（二〇〇八　山口県萩市建設部文化財保護課）
・ニュースリリース東京農業大学「天然記念物である日本在来牛『見島ウシ』の全ゲノムを解読」

（二〇一三・八　学校法人東京農業大学戦略室）
・『条里制』落合重信（一九六七　吉川弘文館）
・『土地に刻まれた歴史』古島敏雄（一九六七　岩波書店）
・『開拓の歴史』宮本常一（一九六三　未来社）
・『大化の改新は身近にあった　公地制・天皇・農業の一新』河野通明（二〇一五　和泉書院）
・『古代景観史の探究』金田章裕（二〇〇二　吉川弘文館）
・『大地へのまなざし』金田章裕（二〇〇八　思文閣出版）
・『農耕社会の成立』石川日出志（二〇一〇　岩波書店）
・「山口県下における条里遺構について」三浦肇（一九八一　歴史地理学一一五）
・『角川日本地名大辞典三五　山口県』（一九八八　角川書店）
・「山口県埋蔵文化財調査報告第七三集　見島ジーコンボ古墳群」山口県埋蔵文化財センター編（一九八三　山口県教育委員会）
・「山口考古第三四号　山口県萩市ジーコンボ古墳群出土の平安時代人骨」松下真実・松下孝幸（二〇一四　山口考古学会）
・「見島ジーコンボ古墳群　第一五四号墳出土資料調査報告」（二〇一一　山口大学埋蔵文化財資料館）
・「見島ジーコンボ古墳群　第一五一号墳出土資料調査報告」（二〇一二　山口大学埋蔵文化財資料館）
・「見島ジーコンボ古墳群　第一二八・一三七号墳出土資料調査報告」（二〇一五　山口大学埋蔵文化財資料館）

・「見島ジーコンボ古墳群『俘囚墓説』小考」横山成己（二〇一二　やまぐち学の構築）
・『飛鳥・奈良時代』吉田孝（一九九九　岩波書店）
・『律令制とはなにか』大津透（二〇一三　山川出版社）
・『地方官人たちの古代史』中村順昭（二〇一四　吉川弘文館）
・『「白村江」以後』森公章（一九九八　講談社）
・『地方の豪族と古代の官人』田中広明（二〇〇三　柏書房）
・HP「水土の礎　大地への刻印」（一社）農業農村整備情報総合センター
・「海道の秘境」福永邦昭（二〇〇六　私家版）
・「みしまの今昔」多田穂波（一九七五　私家版）

石井里津子(いしい・りつこ)

佐賀県生まれ・香川県育ち。香川大学卒業後、出版社に勤務。埼玉大学卒(社会人編入)。20年以上にわたって全国の農村を訪ね歩き、地域文化・農業についての取材執筆を続けている。〝農山漁村に残る大切なものを伝えること〟を自身のテーマとする。中山間地域の棚田保全への関心・知見も深く、全国棚田(千枚田)連絡協議会機関誌『棚田ライステラス』編集長。編著に『棚田はエライ』(農文協刊)がある。

千年の田んぼ

国境の島に、古代の謎を追いかけて

2017年12月15日　初版第1刷発行
2018年6月1日　　第3刷発行

著者……石井里津子
発行者……木内洋育
ブックデザイン……宮脇宗平
イラスト……手塚雅恵
編集担当……熊谷 満
発行所……株式会社旬報社
〒162-0041
東京都新宿区早稲田鶴巻町544　中川ビル4F
TEL：03-5579-8973
FAX：03-5579-8975
HP http://www.junposha.com/
印刷製本……中央精版印刷株式会社

ISBN978-4-8451-1519-8　NDC616